图解车工/数控车工

Precision Machining Technology

［美］ 皮特·霍夫曼（Peter Hoffman）
［美］ 埃里克·霍普韦尔（Eric Hopewell） 著
［美］ 布瑞恩·简斯（Brian Janes）
李银玉　毕付伦　译

快速入门

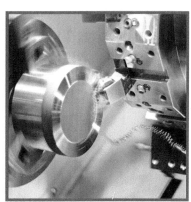
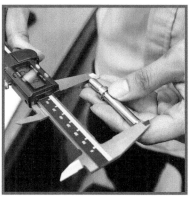

U0279251

机械工业出版社
CHINA MACHINE PRESS

本书采用通俗易懂的语言，介绍了车削加工和数控车削加工所需掌握的基本知识和技能。本书主要内容包括车床概述、车床上的工件夹紧和刀具夹紧设备、车床操作、手动车螺纹、锥面车削、数控加工基础、数控车削概述、数控车削编程、数控车削的设置与操作。

本书可供广大车工使用，也可供职业院校和技工学校相关专业师生参考。

Precision Machining Technology,2e

Peter Hoffman,EricHopewell,Brian Janes

Copyright © 2015 Cengage Learning.

Original edition published by Cengage Learning. All Rights reserved. 本书原版由圣智学习出版公司出版。

ISBN 978-7-111-61268-1

Cengage Learning Asia Pte. Ltd.

151 Lorong Chuan, #02-08 New Tech Park, Singapore 556741

本书封面贴有Cengage Learning防伪标签，无标签者不得销售。

北京市版权局著作权合同登记　图字：01-2015-8424号。

图书在版编目（CIP）数据

图解车工/数控车工快速入门/（美）皮特·霍夫曼（Peter Hoffman），（美）埃里克·霍普韦尔（Eric Hopewell），（美）布瑞恩·简斯（Brian Janes）著；李银玉，毕付伦译 .—北京：机械工业出版社，2018.10（2022.4 重印）

（美国经典技能系列丛书）

书名原文：Precision Machining Technology,2e

ISBN 978-7-111-61268-1

Ⅰ.①图… Ⅱ.①皮… ②埃… ③布… ④李… ⑤毕… Ⅲ.①数控机床–车床–车削–图解 Ⅳ.① TG519.1-64

中国版本图书馆 CIP 数据核字（2018）第 249769 号

机械工业出版社（北京市百万庄大街 22 号　邮政编码 100037）
策划编辑：赵磊磊　　　责任编辑：赵磊磊
责任校对：李　杉　　　封面设计：张　静
责任印制：张　博
涿州市般润文化传播有限公司印刷
2022 年 4 月第 1 版第 2 次印刷
184mm×260mm · 10.5 印张 · 277 千字
3 001—4 000 册
标准书号：ISBN 978-7-111-61268-1
定价：59.80 元

凡购本书，如有缺页、倒页、脱页，由本社发行部调换
电话服务　　　　　　　　　网络服务
服务咨询热线：010-88361066　机工官网：www.cmpbook.com
读者购书热线：010-68326294　机工官博：weibo.com/cmp1952
　　　　　　　　　　　　　　金 书 网：www.golden-book.com
封面无防伪标均为盗版　　教育服务网：www.cmpedu.com

出版说明

为了吸收发达国家职业技能培训在教学内容和方式上的成功经验，我们于 2007 年引进翻译了"日本经典技能系列丛书"。该套丛书通俗易懂，通过大量照片、线条图介绍了日本的技术工人培训时需要掌握的基本方法和技巧，出版之后深受广大读者的喜爱。为了更好地满足读者学习国外机械加工经验和技能的需求，我们从美国引进了圣智学习出版公司出版的"美国经典技能系列丛书"。为了使内容更有针对性，我们将其改造为四本书，分别是《机械加工常识》《图解钳工快速入门》《图解车工／数控车工快速入门》和《图解铣工／数控铣工快速入门》。本套丛书是美国技术工人培训和学生入门学习的经典用书，并且已经再版。本套丛书主要用于帮助读者对初级和中级机械加工技术进行深入了解，从而引导读者在快速发展变化的工业环境中获得职业上的成功。本套丛书的主要特色如下：

- 阐述精密机械加工领域真正需要学习和掌握的知识。
- 培养学生进入人才市场后所需的人际交往能力。
- 涵盖本领域最新的职业信息和职业发展趋势。
- 培养工厂实践能力。
- 包含了详细的说明和例子，用图表的方式一步一步地向读者展示相关工具、设备等的使用方法。
- 用深入浅出的方式、通俗易懂的语言，深入地介绍需要掌握的基本技能。
- 包含最新的数控方面的内容。

为了更好地向读者呈现原版图书中的内容，我们邀请了国内企业的技术专家和职业院校的教师共同组成翻译团队，在翻译的过程中力求保持原版图书的精华和风格。翻译图书的版式基本与原版图书保持一致，并将涉及美国技术标准的部分，有些按照我国的标准要求进行了适当改造，或者按照我国现行标准、术语进行了注释，以方便读者阅读、使用。原版图书采用英制单位，为了保持原版图书的特色，同时便于读者更好地理解原版图书中的内容，翻译后的图书仍然采用英制单位。

在本套丛书的引进和出版过程中，得到了贾恒旦和杨茂发的大力支持和帮助，在此深表感谢。

序

自进入 21 世纪以来，精密机械加工技术已经日趋成熟，本套丛书的主要目的是通过对精密加工技术的深入阐述，使读者对基础和中级机械加工技术进行深入了解，从而引导读者在快速发展变化的工业环境中获得职业上的成功。

本套丛书写给从事于精密机械加工及相关行业，并渴望获得美国金属加工技术协会（NIMS）认证证书的相关专业的学生和技术工人。书中内容由浅入深，可供机械专业知识零基础的各类人群学习参考。

本套丛书受到了美国金属加工技术协会的赞助和大力支持，覆盖了美国金属加工技术协会认证考试（Ⅰ级加工技术水平）中所需的一切内容，紧密贴合职业技能标准。

本套丛书在编写之初，召集了大量从事 NIMS 鉴定考核的教师参与初期目录的制订，并从中完成了作者团队的招募。在编写过程中，约请了 12 名以上的教师对书稿进行了审核，同时将有用的审核结果反馈给作者，这种方式对于提高本书的质量具有非常重要的作用。

为了提高使用效果，作者在以下前提下展开全书：

1. 假定读者没有任何机械加工相关知识和基础，以一种易读的写作风格，帮助读者掌握精密机械加工中级水平所需知识。

2. 通过大量的图片进行解释和说明，从而让读者对所学知识和技术有一个直观的认识。

3. 假定读者已经学会了基础物理、基础代数，并熟练掌握分数、小数的计算方法以及计算次序的知识。

为照顾部分没有机械加工相关知识的读者，本书的编写特别关注了各章节内容之间的逻辑性。作者通过各种措施保证了每一个术语在第一次出现时都被详细地进行了解释和说明，每一个专题都能够得到更深入的挖掘和阐述，同时当前期知识出现在后续章节的其他新应用中时，读者对前期知识的理解也会随之加深。

本套丛书由 Peter Hoffman、Eric Hopewell 和 Brian Janes 编写。作者简介如下：

Peter Hoffman（皮特·霍夫曼），于宾夕法尼亚技术学院获得副学士学位，通过了多项Ⅰ级和Ⅱ级 NIMS 认证，并且在大专级别的精密加工技术比赛中，获得了 2001 年美国国家技术金牌，2000 年美国国家技术银牌。他拥有并经营着一家小型机械加工工厂。

Eric Hopewell（埃里克·霍普韦尔），拥有 25 年的机械加工和教育领域的综合经验，于宾夕法尼亚技术学院获得副学士学位，于奥尔布赖特学院获得企业管理学士学位，于天普大学获得硕士学位，并获得宾夕法尼亚州职业教育永久资格证书。他也通过了多项 NIMS 机械加工认证。

Brian Janes（布瑞恩·简斯），他的机械加工职业生涯已经超过了 20 年。他具有在印第安纳州和肯塔基州的多个注塑模具公司进行机械加工工作的经验。他获得了工程技术专业硕士学位以及肯塔基技术教育项目年度奖励。

目　录

车床概述

第1章

1.1 概述

车床是机械加工领域中最通用和最古老的机床之一。车床的主要操作是夹住工件并使工件相对于刀具旋转。刀具沿着工件表面移动，切除材料，形成回转表面（见图 1-1）。车床用于加工多种形状的零件（见图 1-2）。

车床的四个主要组成部分是床身、主轴箱、尾座和溜板。

图 1-1　车床夹紧工件并使工件相对于刀具旋转以加工回转类零件。刀具移动方式决定了零件的回转面形状

图 1-2　车床上加工的零件实例

注　意

和所有工业用机器一样，车床功能非常强大但也比较危险。操作车床时必须戴上合适的个人防护用品，包括 ANSI Z87 等级的安全眼镜和某种工作靴，这点十分重要。为避免与机床运动部件缠绕在一起，衣襟一定要塞到裤腰里，袖口也必须挽到胳膊肘以上。像手镯、项链和手链或手表之类的首饰一定都要摘掉。长发应该安全地盘起来，以避免被卷进机床运动的部件中。

1.2 主轴箱

主轴箱位于车床的左上方，是一个铸造箱体，主轴箱上带有工件夹紧和旋转驱动机构及刀具移动速度控制机构。图 1-3 所示为车床的主轴箱。

图 1-3　车床的主轴箱，包括主轴和用来给主轴和刀具运动传递动力的传动带或齿轮

1.2.1 主轴

主轴是主轴箱乃至整个车床上最重要

的零件之一。主轴是车床上用于夹持工件并带动工件旋转的零件。主轴是经过精密磨削的空心轴，由精密轴承支承。较长的工件可以穿过主轴的中心孔来装夹。主轴中心孔的前端是一个圆锥面，用来定位和安装带有锥面的工件夹紧装置。当需要卸下这些夹紧装置时，使用一个带有软金属端的顶出杆穿过主轴的内孔将夹具推出。图 1-4 所示即为某车床主轴。主轴由一个大功率电动机通过一系列带轮或齿轮驱动。主轴的起动和制动通常通过一个由手柄控制的离合器实现，也有些车床使用按钮控制主轴的起动和制动。主轴还有一个正、反转控制机构。

注　意

不能使用硬的钢制顶出杆，否则主轴孔或夹具附件会被损坏。

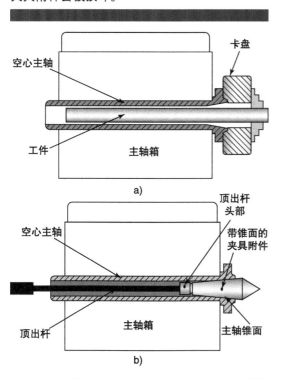

a)

b)

图 1-4　a) 车削时车床主轴用来夹紧和驱动工件旋转。主轴的空心孔可允许较长的工件穿过它装夹到主轴上。注意：绝不允许工件伸出主轴左端孔口之外，否则工件会因不平衡而产生摇晃并损坏或损坏机床。b) 带锥面的前端在安装附件时起到定心作用，附件可使用顶出杆移除

1. 主轴鼻端

主轴箱主轴鼻端用于将各种各样的夹紧装置安装到主轴上。夹紧装置是安装到主轴上的附件，用来固定工件以便于加工。主轴鼻端的类型有很多，为不同车床制造商采用。

图 1-5 所示为带螺纹的主轴鼻端，这种结构在老式车床上很普遍，但现在基本上不用了。夹紧装置简单地靠螺纹连接到主轴鼻端再紧固。

图 1-5　带螺纹的主轴鼻端，在现在的车床上已不多见。千万不要在主轴通电旋转的情况下试图将夹紧装置安装到主轴鼻端的螺纹上，也不要握住夹盘。一定要在主轴停下来后手动旋紧螺纹

带锥面的主轴鼻端（有时也称作"L-锥度"）有一个长锥面，锥面上有一个键和一个带螺纹的轴环。这个锥面和键与夹紧装置上的锥面、键槽相配合，起到定位的作用。轴环上的螺纹和夹紧装置的螺纹旋合在一起锁紧。图 1-6 所示为带锥面的主轴鼻端。

图 1-6　带锥面的主轴鼻端，有时也称作"L-锥度"

凸轮锁紧主轴鼻端有一个短锥面,用于与夹紧装置上的锥面配合。夹紧装置上带有销,可以插入主轴鼻端的孔中。使用一种专门的扳手将凸轮销紧固到主轴鼻端来紧固夹紧装置。图1-7所示为凸轮锁紧主轴鼻端。

图1-7 一个凸轮锁紧主轴鼻端和一些配用的夹紧装置

注 意

千万不要在主轴通电旋转时试图将夹紧装置安装到主轴鼻端的螺纹上,也不能握住夹盘。一定要在主轴停下来后手动旋紧螺纹。

2. 传动带驱动车床

传动带驱动的车床将电动机的动力通过传动带和称作塔轮的带轮传送到主轴上。塔轮上各轮直径大小不同,用来改变传动比,使主轴获得不同的转速。改变车床主轴转速时,首先将胀紧的传动带放松(通常使用杠杆将电动机往前移动来实现),然后将传动带挪到需要的带轮上并胀紧。通常

在车床上粘贴一张图解说明来指示哪层带轮对应哪个具体转速。图1-8所示为塔轮。

图1-8 使用塔轮改变传动带在车床主轴上的位置来改变主轴的转速

3. 全齿轮车床

全齿轮车床使用一系列齿轮将动力从电动机传递给主轴。大型车床通常都是以这种方式驱动的,因为齿轮能够传递更大的动力而不发生滑动现象,这对于进行粗车加工十分必要。全齿轮车床转速调整是通过将安装在主轴箱前侧的手柄或旋钮放在不同挡位上来实现的。粘贴在主轴箱上的图解说明将指出手柄或旋钮的挡位与主轴转速的关系。图1-9所示为在一个典型的全齿轮车床上是如何用手柄来调整转速的。

图1-9 在一个全齿轮车床上根据主轴箱上面的图表将手柄扳到相应的挡位上来设置主轴转速

在极高的转速下操作车床会损坏设备而且非常危险。一定要检查所用夹紧装置是否给出最高转速额定值。绝对不要超过这个额定转速，否则工件可能会从夹具中飞出导致严重的人身伤害甚至死亡。

1.2.2　变速箱

位于主轴箱正下方的是另一个齿轮传动链，称为变速箱。变速箱用来控制刀具的移动速度。刀具的移动称为进给，刀具的移动速度称为进给率。在车床上进给率是通过主轴转一转刀具移动的距离来度量的，称作每转进给量。车床的进给率为 $0.001 \sim 0.120\text{in}^{\ominus}/\text{r}$。变速箱上有一个图表，指示了旋钮或手柄的挡位与进给率的关系。图 1-10 所示为在车床上如何使用变速箱改变进给率。

过高的进给率会导致刀具崩刃或导致工件从夹紧装置中脱出。

图 1-10　通过改变变速箱上手柄的挡位来改变每转进给量

1.3　床身

车床床身位于主轴箱的正右侧，是整

个车床的基础。车床床身是重型铸件，不仅要有足够的强度来承受较大的切削力，同时要保证切削运动平稳、精确。床身顶部是经过精密磨削的平面和 V 形轨道（称为导轨）。图 1-11 所示为车床的床身和导轨。为保证强度和耐磨性，多数车床导轨是经过火焰淬火处理的。由于导轨非常坚硬，因此必须防止导轨受到突然冲击，以免会损伤导轨，影响加工精度。切忌不要让夹具或刀具掉到导轨上。养成良好习惯，不要将刀具，尤其是锤子、扳手和锉刀等放在导轨上。可以将一块木板放到导轨上用作摆放刀具的地方，同时用来保护导轨。

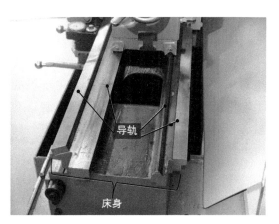

图 1-11　床身是车床的基础部件。导轨经过精密磨削，通常经过火焰淬火处理以提高耐磨性。请不要把刀具放在导轨上，以防止导轨过度磨损和损坏

1.4　溜板

溜板用来支承车削刀具，并带动刀具运动以完成切削操作。溜板沿导轨滑动，包含两个主要组成部分，称为床鞍和溜板箱。图 1-12 所示为车床溜板，图中标出了床鞍和溜板箱，这些将在随后讨论。

1.4.1　床鞍

床鞍是 H 形的铸件，在导轨上向前向后滑动。溜板箱悬挂在床鞍上。床鞍的运动平行于导轨方向，称为纵向进给。床鞍支承着中滑板和小滑板。

$\ominus$　1in=25.4mm。

图1-12 溜板支承刀具并沿着导轨移动，提供刀具运动。溜板的上部是安装在导轨上的床鞍，溜板箱从床鞍上伸出来悬在床身前面

1. 中滑板

中滑板安装在床鞍的上方，提供垂直于导轨的刀具运动。中滑板通过燕尾形滑道与床鞍连接，保证运动平稳。中滑板的手轮上有千分刻度盘用来精确地控制移动量。中滑板的移动称为横向进给。图1-13所示为中滑板。

图1-13 中滑板提供了垂直于导轨的刀具运动。手轮上的千分刻度盘保证运动精确

2. 小滑板

小滑板安装在中滑板上方，允许刀具转动一个角度。和中滑板一样，小滑板也有一个燕尾形的滑道，通过手轮借助千分刻度盘进行精确移动控制。小滑板可旋转360°并可以固定在任何角度上以实现刀具斜向移动。调整刀具角度时首先要松开锁紧螺钉，然后使用角度刻度盘把小滑板调整到需要的角度，最后将锁紧螺钉拧紧。图1-14所示为小滑板及如何把它调整到不同角度。

图1-14 小滑板可被调整为任何角度，用来得到刀具的纵向和横向以外的进给运动

3. 夹条

因加工过程中小滑板和中滑板都用于控制刀具运动，保证两个运动的顺滑和精确定位是十分重要的。使用一段时间后，小滑板和中滑板的运动都可能使它们的燕尾形导轨磨损。这种磨损会影响机床的精度和刚度。一种被称作夹条的楔形钢（或铁）条常被用来补偿这种磨损。夹条被置于靠近中滑板和小滑板的手轮旁一个调节小螺钉的后面。当小滑板或中滑板的运动变得松弛时，轻度拧紧调节螺钉来推动夹条使之向前移动。夹条的楔形会使夹条随着前移而变紧，从而减少由于磨损而产生的间隙。图1-15所示为夹条样品和中滑板上的夹条。

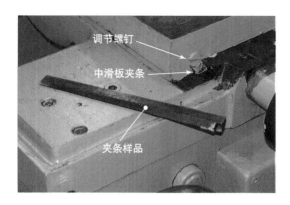

图 1-15　调节小滑板上的夹条，使燕尾导轨变紧来减小由磨损引起的松动

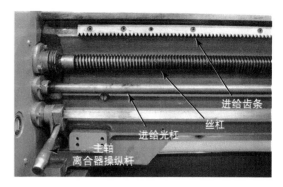

图 1-16　丝杠、光杠、进给齿条和主轴离合器操纵杆

注　意

正确的机床保养十分重要。年久失修的机器不仅不能生产出合格零件，还会对机床操作员构成危害。任何故障或设备破损都应该立刻报告相关的人。

1.4.2　丝杠和光杠

丝杠是一条很长的螺纹杆，两端由轴承支承。丝杠用来在切削螺纹时将运动传递给溜板。

光杠是一个长轴，形状可以是圆的或是六角形的，负责将动力传递给溜板箱的齿轮传动链。该齿轮传动链随后将此动力用来驱动中滑板或驱动溜板使之运动。进给齿条是一条和床身一样长的杆，上有轮齿。这个齿条与溜板箱中的齿轮啮合，产生纵向移动。通常在丝杠和光杠进入主轴箱的位置设置一个主轴离合器操纵杆。图 1-16 所示为丝杠、光杠、进给齿条和车床主轴离合器操纵杆。

1.4.3　溜板箱

溜板箱连接到床鞍的底部悬挂在床身前面。溜板箱上有一个手轮，用来使一个齿轮和进给齿条啮合，驱动溜板沿着导轨移动。有些溜板箱手轮上带有千分刻度盘，用来精确控制溜板的纵向移动。

同样在溜板箱上也有进给控制离合器。进给控制离合器合上时，溜板或中滑板（取决于机床的其他设置状态）实现机动运动。

溜板箱上还有进给速度控制手柄或按钮用来在纵向和横向进给之间切换。一个反向进给手柄或按钮控制溜板或中滑板的反向运动。某些车床的反向进给控制安装在主轴箱上，而不在溜板箱上。

开合螺母控制手柄也安装在溜板箱上。它控制一个分成两半的螺母(即开合螺母)，当开合螺母闭合时直接与丝杠啮合，实现螺纹切削操作。在切削螺纹时螺纹刻度盘用来确定开合螺母闭合的恰当时机。

在大多数车床的溜板箱上还有第二个主轴离合器控制手柄。图 1-17 所示为溜板箱和上述零件的标签。

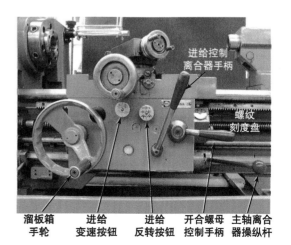

图 1-17　安装在溜板箱上的车床控制手柄 (或按钮)

1.5 尾座

在很多操作中尾座作为辅助夹紧装置来保证零件夹紧可靠。尾座还可以安装刀具来完成常规的孔加工。和溜板一样，尾座在车床导轨上纵向滑动。当尾座移动到指定位置时，可用锁紧手柄或螺栓将它锁定到导轨上。尾座上有一个带有千分刻度盘的手轮和一个精磨的活动套筒，该活动套筒安装在尾座孔内。转动尾座手轮可使活动套筒纵向移动。活动套筒上的刻度（如同一把直尺）指示移动的距离。活动套筒上的刻度和手轮刻度盘对于控制孔的加工深度非常有用。通过一个锁紧手柄可以把活动套筒锁定在尾座的任意位置。

活动套筒上有一个锥形孔。绝大多数的车床使用莫氏锥孔。这个锥孔可以安装如卡盘、钻头、铰刀、扩孔钻等锥柄刀具，用来进行孔加工。用于支承工件的夹紧装置也可安装在这个莫氏锥孔中。车床尾座的座体由两部分组成，这样通过两个调节螺钉(各位于尾座的一侧)来改变尾座与主轴箱的同轴度。图1-18所示为车床尾座和它的零件标签。

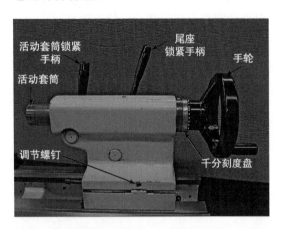

图1-18 尾座的组成零件。注意活动套筒上的刻度和手轮上的千分尺刻度盘。活动套筒的内部有一个莫氏锥面，用来安装夹紧装置和孔加工刀具

1.6 车床规格

车床规格是通过称为回转半径的尺寸和床身长度确定的。通常还指定其他度量指标。可参考图1-19来阅读接下来的关于车床规格的说明。

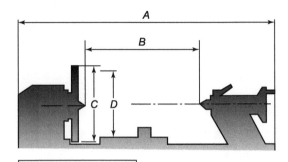

A—床身长度
B—顶尖间距
C—回转直径
D—跨溜板箱回转直径

图1-19 用于确定车床规格的尺寸

1.6.1 回转直径

车床的回转直径是由安装在主轴上而不会碰到导轨的工件最大直径来确定的。通常还指定跨溜板的回转直径，即能够安装在主轴上而不会碰到溜板的工件最大直径。有些车床还配备一种称为马鞍的装置。在一个马鞍车床上，床身上有一小段可以卸下来以便于加工直径较大的工件。床身的这一段有时也称作马鞍槽。图1-20所示为一台马鞍车床。

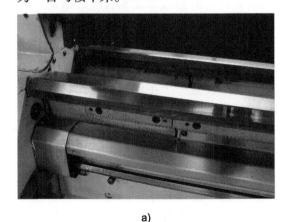

a)

图1-20 a)一台马鞍车床，马鞍可拆卸。注意在进给齿条上和床身导轨下方的拼接线

b)

图 1-20　b) 同一台车床，马鞍拆下后能够加工的直径大于回转直径（续）

1.6.2　床身长度

　　床身长度是另一个确定车床规格的参数。床身长度是从主轴箱到床身的另一端测量的距离。床身长度经常被误认为是车床上能够加工工件的最大长度，实际情况并不是这样。工件的最大长度是由称为顶尖的装夹装置之间的距离决定的。这个距离称为顶尖间距。

第2章 车床上的工件夹紧和刀具夹紧设备

2.1　概述

在一个车床上开始任何加工之前，必须用一种方式将工件可靠地"装夹"或安装到机床上。用于将工件安装到机床上的设备称为工件夹紧装置。工件夹紧装置必须精确定位和可靠夹紧，以保证工件安装到机床上能够承受切削过程中产生的相当大的切削力。工件夹紧装置包括卡盘、夹头、车床顶尖和心轴。

在各种车削操作中可靠地夹紧刀具也是同等重要的。可用来安装刀具的装置称为刀具夹紧装置。刀具夹紧装置包括刀架、刀夹和莫氏锥柄附件。

2.2　工件夹紧

2.2.1　卡盘

卡盘是通过多侧面施加压力将工件装夹到车床主轴上的夹紧装置。卡盘的盘体上带有几个滑动的工件卡爪，以保证工件可靠夹紧。由于卡爪在卡盘上滑动，因此卡爪能够适应的工件尺寸范围较广。卡盘能够用于装夹工件的外圆和内圆。图 2-1 所示为几种卡盘。

单动卡盘的各卡爪是彼此独立地前进或后退的，可允许对工件的装夹位置进行微调以获得最大的加工精度。万能卡盘的各卡爪是同时前进或后退的。包含在卡盘体内部的丝盘机构保证卡爪以这种方式移动（见图 2-2）。这种夹盘提供极小的零件位置微调量，但用起来快捷又简单。

卡盘通常配备可反转的阶梯形卡爪。这些卡爪可用于抓夹工件的外表面，向工件的中心方向施加压力。另外，由于卡爪是阶梯形的，有台阶，一个中心带孔的零件也能放到卡爪上，通过卡爪向外侧移动来夹紧工件（见图 2-3）。有些卡盘的卡爪还可以拆卸、翻转和重新安装来加大卡盘的适用尺寸范围。有的卡盘能够安装一组

不同的卡爪来扩大夹盘使用范围。当拆卸和安装卡爪时需要十分谨慎，每个卡爪可能有编号并对应卡盘上特定的位置。因此，把卡爪安装到卡盘的正确位置上是十分重要的。

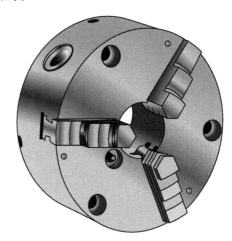

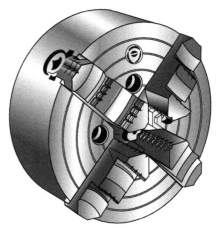

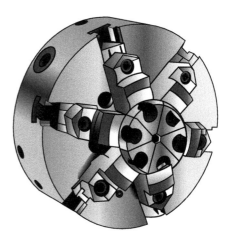

图 2-1　各种车床卡盘，包括三爪卡盘、四爪卡盘和六爪卡盘

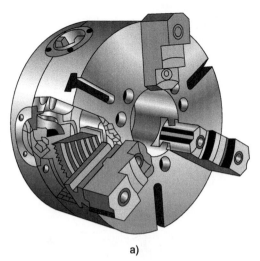

a)

b)

图 2-2 a) 剖视图显示了万能卡盘的内部机构。b) 单动卡盘，使用一个单独的螺杆分别移动各卡爪

图 2-3 卡盘通过工件内孔夹紧工件

注意

在每个卡盘上都列出了最大额定转速。使用卡盘时绝对不允许超过卡盘制造商给出的最大额定转速。

1. 三爪卡盘

在车床上用来装夹工件的最常用装置

之一就是万能三爪卡盘，如图 2-4 所示。其之所以称为三爪卡盘是因为它具有三个卡爪，用来可靠地夹持工件。三爪卡盘通过将一个称为卡盘扳手的专用扳手插入卡盘上的插孔中来控制卡爪的夹紧和松开。由于这种卡盘是联动型的，因此当旋转卡盘扳手时，所有的卡爪统一移动。由于所有三个卡爪同时移动，因此万能三爪卡盘常被称为自定心卡盘。这样，万能三爪卡盘和钻夹头就很相似。

图 2-4 万能三爪卡盘

三爪卡盘十分适合装夹圆形或那些具有表面数量能被 3 整除的工件，例如三角形或六边形的工件。方形的或八边形的工

件不能用三爪卡盘装夹。图 2-5 所示为圆形和六边形工件装夹在三爪卡盘上。

图 2-5　圆形和六边形的工件可以固定在三爪卡盘上

将工件装夹在三爪卡盘上是通过将工件放到卡盘上并用卡盘扳手旋紧卡爪完成的。卡盘必须充分旋紧，以保证工件在大切削用量切削、主轴快速起停及高速旋转过程中可靠地夹持在卡盘上。由于离心力的作用，高速旋转会将卡爪向外拉出；主轴快停会导致卡盘内丝盘旋转使卡爪松弛。然而还要切记，卡爪不能过分夹紧，因为这样会损坏工件表面，使空心零件变形，甚至使卡盘内的丝盘永久失效。

尽管三爪卡盘普通又易于使用，但它并不适用于所有工件。在各种加工中，三爪卡盘未必能保证足够的重复定位精度（即工件移出后放到同一位置的精确性）。因此，对于具有高精度要求的工件在没有

完成所有加工操作前尽可能不要移出这类卡盘。这是因为，工件一旦被移出就不能再精确地放回卡盘的同一位置上了。这样，对某些要求而言，工件的旋转精度就不够了。

2. 四爪卡盘

四爪卡盘也经常用在车床上。与三爪卡盘不同，多数四爪卡盘的四个卡爪彼此独立地移动，各自有自己的调节螺钉。通常当使用三爪卡盘不能满足零件精度要求或当工件侧面数量能被 4 整除时，才选择四爪卡盘。四爪卡盘还能偏移中心地装夹很多形状的工件。图 2-6 所示为某些使用四爪卡盘的情形。

a)

b)

图 2-6　a）四爪卡盘能够用于装夹方形工件。b）四爪卡盘还能偏移中心地装夹工件

千万不能把卡盘扳手留在卡盘上。这样做十分危险。当机床起动时卡盘扳手很容易飞出来严重损坏车床或造成重大人身伤害。把工件装夹或移出卡盘后务必立即将卡盘扳手拿走。

由于四爪卡盘是单动卡盘，因此每个卡爪必须单独调节或收紧，来使工件在卡盘上同轴对齐。多数四爪卡盘在端部设有同心指示环，用来直观地调节卡爪使之与卡盘保持同轴和使工件大致居中。然后使用千分表为工件准确定心。当在四爪卡盘上调整工件装夹中心时，以相对180°分开的两个卡爪为一对成对调节卡爪很重要。跟踪卡爪调节位置的最简易办法是简单地给每个卡爪编号（很多卡盘出厂时卡爪上有编号）。首先，同轴对齐1、3号卡爪，使用仅够用来保持与工件接触的夹紧力。然后使用同样的夹紧力调节卡爪2、4。重复这个过程，直到工件达到期望的定位精度。然后在保持该定位精度的同时收紧所有卡爪。图2-7所示为用千分表在四爪卡盘上调整工件的装夹中心。

图2-7　用千分表在四爪卡盘上调整工件的装夹中心

3. 卡盘的安装或拆卸

在车床上安装或拆卸卡盘的第一步是在机床导轨上放置一个防护板，以防止卡盘掉下来损伤导轨。通常采用木板或木块来保护导轨（见图2-8）。

图2-8　木块可用作保护，以防止在卡盘安装或拆卸期间损伤车床导轨

当安装或拆卸卡盘时，使用木板支承卡盘并保护导轨。当移动较重的车床卡盘时应找个助手或使用适当的起重装置。如果使用像升降机或起重机这样的高出人头的起重设备时，要戴上较硬的安全帽。千万不能站在被升降机或起重机吊起的卡盘下方。

卡盘安装时的紧固方法取决于车床主轴鼻端的类型。在凸轮锁紧主轴鼻端上，当松开锁定时卡盘和主轴的锥面通常会保持锁定状态。有必要用锤子击打卡盘的后部来脱开两锥面。卡盘要谨慎处理，存放时要靠背面支承摆放。在安装另外的卡盘时，要将主轴鼻端和卡盘安装面上的灰尘、碎屑除净。如果把卡盘安装到有脏物的主轴鼻端，就很可能在车床运行过程中因为不稳而导致工件跳动。

4. 钻夹头

使用一个变径套可将一个莫氏锥柄钻夹头安装到车床主轴上。变径套的外锥面与主轴孔配合，内锥面接纳钻夹头的莫氏锥面。这种工件装夹方式可用来装夹因直径太小而不能装夹到三爪卡盘或四爪卡盘上的工件（见图2-9）。卡盘和变径套可使用一个顶出杆从主轴上拆卸下来。

图 2-9　钻夹头安装在车床主轴上，用来装夹小直径的工件

2.2.2　夹头

夹头是车床上装夹工件的另一种夹具。夹头的中心孔与被装夹工件的形状和尺寸相匹配。夹头的外锥面和与之配对的另一个锥面配合提供夹紧力。最普通的夹头类型是弹簧夹头和柔性夹头。

与其他工件夹紧装置相比，夹头具有某些优点。夹头不像卡盘有那么大的卡盘体，因此高转速时它们受离心力的影响不大。由于夹头与工件接触面积较大，夹紧力分布较为均匀，因此夹头对薄壁工件引起的变形也非常小，损伤工件表面的可能性也不大。夹头还能达到和四爪卡盘一样的定位精度和重复定位精度，而用起来却更快捷和简单。和卡盘一样，夹头可用于外表面加工和内表面加工。

1. 弹簧夹头

弹簧夹头是经过超精密磨削的圆柱形套筒。弹簧夹头有三个狭缝自夹头的前端开始向后延伸大约筒长距离的四分之三。夹头的后端是螺纹，用来将夹头拽入或拉进与其配对的锥面中。当夹头的锥面被拉进与其配对的锥面时，夹头上的狭缝允许夹头缩紧从而夹住工件。

弹簧夹头可以制作成各种各样的尺寸规格和形状，以适应不同种类、形状和尺寸的工件。带有圆形直通孔的夹头是最常见的，也有方形和六边形孔的。市场上提供特定的标准尺寸的弹簧夹头，其夹紧尺寸范围只有千分之几英寸。如果需要加工很多不同尺寸的工件，就需要准备很多不同的夹头。

由于非标准尺寸用在标准夹头上通常不能确保有充分的可靠性，因此可采用由黄铜或低碳钢制成的备用夹头，这种夹头可匹配任意尺寸来制造，而且加工简单。

阶梯形夹头用于装夹短而粗的工件，这些工件直径较大，不能安装在标准弹簧夹头上。阶梯形夹头可以针对一种尺寸设计，或者增加一个软夹头，对这个软夹头进行加工使之适应不同的零件尺寸和形状，就像一个备用夹头。

膨胀夹头包括一个内置心轴而不是一个孔。当膨胀夹头拉入其配对锥面时，心轴膨胀从而夹紧工件现有的内孔。和备用夹头一样，多数膨胀夹头是可切削的，因此这种夹头可针对特定尺寸单独定制加工。图 2-10 所示为一些弹簧夹头的实例。

车削操作中使用弹簧夹头的方法之一是利用主轴夹头过渡套和拉杆。夹头过渡套（或套筒）安装在主轴锥孔中。这个套筒有一个内锥面，与夹头的外锥面配合。夹头放在套筒中。然后用一个拉杆穿过主轴与夹头后端的螺纹连接。当把工件放入夹头中后，拧紧拉杆，将夹头拉向套筒，夹头受挤收缩从而卡住工件（见图 2-11）。

移出工件时，回旋大约一整圈使拉杆松开。如果工件还没有被松开，可轻敲拉杆的手柄使夹头从锥孔脱开。不要把拉杆从夹头上完全拧下来，也不要用拉杆敲击夹头。这样会损害拉杆的螺纹和夹头。当将夹头和拉杆从车床上取出后使用一个带有软金属头的顶出杆将夹头过渡套从主轴箱移出。图 2-12 说明了这种方法。

a)

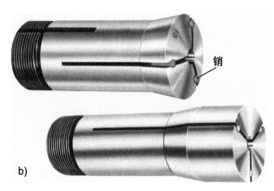

销

b)

c)

d)

图 2-10　a）光滑的和锯齿形的圆形夹头、方形夹头和六边形夹头。b）备用夹头的孔径可以切削成任何期望的尺寸。在孔加工期间，销保证夹头装夹位置不变。加工完成后这些销会被拆下，使夹头夹紧时收缩从而夹住工件。c）阶梯形夹头可用来装夹直径大于夹头筒柄尺寸的工件。d）膨胀夹头能通过工件内孔夹紧工件，便于外圆加工

另一种方法是使用夹头卡盘安装到车床的主轴上。就像其他卡盘一样，将这些卡盘安装到主轴鼻端。然后将夹头放到卡盘锥孔内。夹头卡盘的一种样式是使用一个插头旋转位于卡盘内部的螺纹环，拉动夹头，使其在工件上闭合；另外一种样式是通过旋转手轮使夹头夹紧，从而夹住工件。

2. 弹性夹头

弹簧夹头的一个改进版就是弹性夹头。不同于刚性弹簧夹头，弹性夹头由连接到一个衬套上的钢制盘片组成。这种结构使得夹头具有装夹尺寸范围达到 1/8in 的灵活性。弹性夹头中的钢制部分可注射进一个橡胶体中或用一个弹簧夹紧机构连接到一个开了狭缝的钢轴上（见图 2-14）。

使用弹性夹头要用夹头卡盘（见图

2-13）。必须把卡盘完全打开，拆掉其前挡盖。然后将夹头放进卡盘内，把挡盖重新安装上。把工件插入夹头内，夹紧卡盘迫使夹头进入卡盘锥孔中，造成夹头上的钢制盘片收缩，夹住工件。图 2-15 所示为工件夹在弹性夹头上。

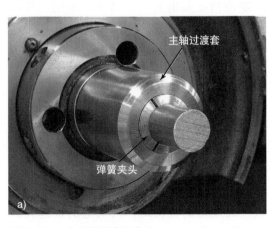

主轴过渡套

弹簧夹头

a)

图 2-11　a）工件夹在夹头中

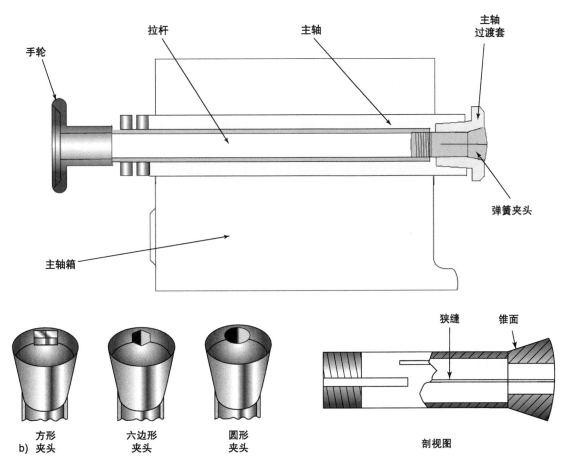

图 2-11　b）断面图表示了车床主轴内部的拉杆和夹头（续）

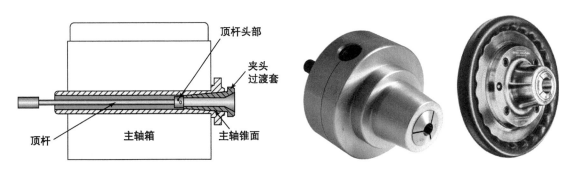

图 2-12　用一个顶杆将夹头过渡套从车床主轴上拆下

图 2-13　弹簧夹头卡盘实例

图 2-14　一些弹性夹头实例

图 2-15　工件装夹在弹性夹头卡盘上

2.2.3　花盘

　　有时需要在车床上加工不规则的零件，这时卡盘和夹头都用不上。这种情况下就要用到花盘。花盘安装在车床主轴上，它通常由铸铁制成，在盘面上有一系列切槽。工件放置在花盘端面上，夹紧装置通过这些切槽将工件可靠地夹紧。图 2-16 所示为花盘的应用。虽然现在很少使用花盘了，但对于装夹形状不规则的铸件，花盘仍然是不可缺少的。

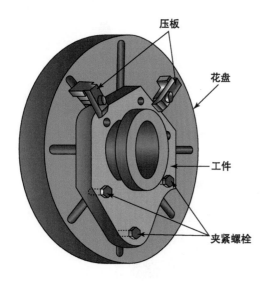

图 2-16　花盘可用于装夹较大的或不规则的工件

注意

　　使用花盘时需要遵守某些特别的安全规定。

　　和操作车床卡盘一样，在安装和拆卸花盘时，要遵守同样的安全规程。在搬运较重的花盘时找个助手或使用适当的起重设备。如果使用像升降机或起重机这样高出人头的起重设备时，要戴上较硬的安全帽。千万不能站在被升降机或起重机吊起的花盘下方。

　　在使用花盘时，为避免工件因为夹紧不牢而松脱，与卡盘或夹头不一样，在卡盘或夹头上，工件松动时工件外围有夹爪包围，在操作员做出反应前工件飞出去的可能性很小，花盘端面上的压板会完全脱离开，即刻引起由工件和压板带来的严重事故。

　　由于形状不规则、尺寸较大的工件通常装夹在花盘上，要注意工件失衡和采用较为保守的主轴转速。严重失衡的工件以较高的主轴转速运行时会产生较强的振动，会损坏机床轴承或当夹紧不牢时发生危险情况。在加工一个失衡的工件时，一定要采用非常保守的转速。

2.2.4　工件在两个顶尖之间夹紧

　　用两个顶尖夹紧工件是车床上工件装夹的又一种方法。由于工件靠两端支承，因此使用这种方法装夹工件时只能加工其外圆面（见图 2-17）。

图 2-17　工件装夹在两个车床顶尖之间

　　车床顶尖是一个圆柱形的钢制设备，一端是一个 60° 夹角的顶尖，另一端是莫氏锥面。顶尖一端使用变径套安装在主轴上，而另一端安装在尾座的活动套筒中。在安装顶尖前要确保所有的接触表面清洁和没有毛刺。为装夹在车床两个顶尖之间，工件两端要钻出中心孔。

使用两个顶尖的主要优点是工件取出方便，能够完成从一端到另一端的车削，具有非常高的重复定位精度。由于每次装夹两个顶尖都能保证工件精确地在同一位置，因此自两端加工的外圆具有很好的同轴度且跳动误差很小。

1. 顶尖

车床顶尖有两种主要类型：回转顶尖和固定顶尖。回转顶尖安装在轴承衬套上和工件一起自由旋转，而顶尖柄套保持不动。回转顶尖用在车床尾座上，仅用来保持与主轴同轴对齐和支承工件。图 2-18 所示为一些回转顶尖实例。

图 2-18　一些可用于尾座上的回转顶尖

固定顶尖（见图 2-19）通常用在主轴上，没有转动部分。固定顶尖有时也可能取代回转顶尖用在尾座上。这种情况经常发生在进行类似滚花的操作中，这时施加在工件上的压力可能非常大，会损坏回转顶尖的轴承。这种方法已经不多见，因为现代的设计和质量使回转顶尖能够承受非常大的作用力而不损坏。如果一定要把固定顶尖用在尾座上，就要注意在工件和顶尖之间使用像油脂或防卡剂这样的润滑剂（见图 2-20）。主轴转速也要较低，以减少顶尖和工件中心孔之间的摩擦和磨损。

图 2-19　固定顶尖是实心的，通常安装在车床主轴上

图 2-20　当在尾座上使用固定顶尖时，在顶尖夹紧部位使用油脂或防卡剂以减少顶尖和旋转工件之间的摩擦

提示：除了被用来在顶尖之间装夹工件，安装在尾座上的顶尖还可以用来支承夹在卡盘和夹头中的细长工件。当工件伸出卡盘或夹头部分的长度超过其直径的 3~4 倍时，使用尾座顶尖作为支承是个好主意（见图 2-21）。

图 2-21　尾座顶尖还可用于支承装夹在卡盘或夹头上的细长工件

2. 顶尖和尾座对准

当在两个顶尖之间加工工件时，保证顶尖正确旋转及尾座与主轴正确对准是十分重要的。顶尖安装后，在其装夹工件的表面打千分表，旋转顶尖测其跳动就可以检验顶尖的位置（见图 2-22）。千分表显示的任意一个跳动值都反映出将要加工工件的位置偏差。主轴顶尖可以通过车削或磨削来保证其正确旋转。加工锥面时可以有意地偏移一下尾座（这方面的内容将在第5.4 节中介绍）。加工直圆柱面时有几种不同的尾座调整方法。尾座顶尖初步调整时可使尾座顶尖和主轴顶尖彼此靠近，然后目测完成。注意还要避免使两个顶尖碰在一起，以免顶尖损伤或变形。多数尾座在其手轮下方的尾座座体上刻有指示线来指示调整位置。尾座两侧各有一个螺钉用来调整其位置（见图 2-23）。

a)

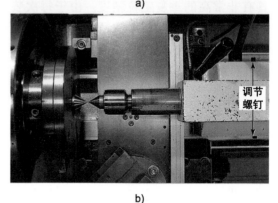

调节螺钉

b)

图 2-23　尾座的大致调整可通过 a）使尾座座体上的指示线对齐或 b）使尾座顶尖靠近主轴顶尖，通过旋转位于尾座两侧的螺钉进行找正

图 2-22　使用千分表检测尾座顶尖的跳动

精确调整尾座可通过在两个顶尖之间安装一个试棒来完成。接下来在中滑板或小滑板上安装一个千分表，使表针与试棒的一端接触。保证表针接触点位于试棒的中心高度，不能高也不能低。然后移动溜板使之接近试棒的另一端，同时调节尾座调节螺钉直到试棒两端的表针指示位置相同（见图 2-24）。

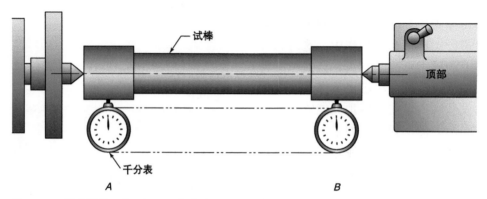

图 2-24　精确调整尾座可使用一个试棒和千分表完成。使用溜板在 A 点和 B 点之间移动千分表，使用调节螺钉调节尾座直到试棒两端的表针指示位置相同

3. 两个顶尖之间安装工件指导

工件安装在两顶尖之间前，首先要用中心钻（组合钻或埋头孔钻）在每个端面钻中心孔以接受车床顶尖的 60° 锥顶点。钻中心孔可在车床上将工件装夹在卡盘或夹头上完成，也可在钻床上加工。中心孔钻在切削刃前端有一个小直径的导向部分，端部是 60° 夹角的圆锥。中心孔的钻孔深度对工件精确装夹在两顶尖之间很重要（见图 2-25）。

a)

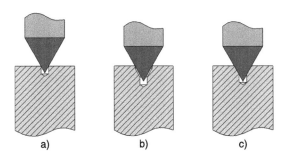

图 2-25　中心孔深度对于工件精确装夹在两顶尖之间很重要。a）孔太浅。b）孔过深。c）孔深度正合适

b)

提示：在选择采用两个顶尖装夹加工工件前需要检查图样，看是否允许在工件两端加工中心孔。有些工件是不允许加工中心孔的。

由于单靠中心孔不能传递足够的转矩，因此还需要采用两个附件。拨盘是专门设计的盘，安装在主轴鼻端。拨盘上设有一个拨槽或拨杆。很多花盘也可用作拨盘。车床鸡心夹头固定在工件上（通常使用一组螺钉）。再把鸡心夹头与拨盘上的拨槽或拨杆连接。图 2-26 所示为不同类型的拨盘和鸡心夹头。车床主轴带动拨盘旋转，通过鸡心夹头将转矩传递给工件。注意，鸡心夹头不能固接到拨盘上，否则会破坏工件在顶尖上的正确定位（见图 2-27）。

c)

图 2-26　a）弯柄鸡心夹头连接到拨盘的拨槽上。b）直柄鸡心夹头由拨盘上的拨柄驱动。c）压板式鸡心夹头装夹两个顶尖之间的方形工件

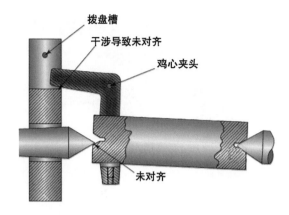

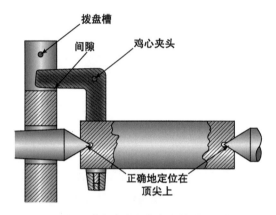

图 2-27　如果鸡心夹头在拨盘的拨槽内不能自由移动，就表明工件没有定位到顶尖上

2.2.5　心轴

工件经常带有直孔或是空心的，并贯通其中心，而要加工的外圆须保持与这个孔的同轴度。由于工件上存在通孔，无法加工出中心孔用于两顶尖装夹。如果把工件安装到卡盘或夹头上，又无法在不调头切削的情况下完成整个外圆的加工。调头切削不仅占用时间，还会使两次加工的表面不同心。

心轴是一种专用精密圆柱形轴，能够通过工件内孔来固定工件以便加工。一般将心轴安装到两个顶尖之间以切削工件外圆。

1. 实心心轴

实心心轴的锥度大约为 1 : 2000。从 1/8in 起心轴的尺寸已经标准化。心轴的锥

度便于工件从小端套到心轴上，在压力作用下滑向心轴大端并锁定在合适的位置。图 2-28 所示为工件安装在实心心轴上。

a)

b)

图 2-28　a）实心心轴的锥度使得心轴能够压入原有孔中。b）然后将心轴安装到两个顶尖之间以便工件外圆加工。确保切削方向总是指向心轴大端，以免工件产生松动

安装心轴时要保证没有切削力指向心轴的小端方向。这种情况会改变工件在心轴上的位置，从而导致工件松动，可能造成工件和刀具损坏以及人身伤害。

2. 可胀心轴

当原有孔不是标准尺寸时就要用到可胀心轴。可胀心轴由轴和壳体组成，轴上具有外锥面，壳体通过与之配对的内锥面套在轴上。类似于夹头，壳体上有一系列切透壳体筒壁的狭槽。当壳体被推向轴外锥面的大端时，狭槽在工件的孔内扩张从而夹紧工件。由于具有可调性，因此可胀心轴可适用于一个尺寸范围。图 2-29 所示为工件安装在可胀心轴上。

3. 其他心轴

另一种类型的心轴经常是针对一种特别的零件或情况而定制加工的（见图 2-30）。心轴上带有轴肩，用来使工件滑入心轴时轴向靠在轴肩上。一种形式是心轴上带有外螺纹，用来连接轴环和螺母，以

便将工件靠着轴肩夹紧。另一种形式是心轴上带有内螺纹，用来连接轴环和螺钉，以便将工件靠着轴肩夹紧。

图 2-29　可胀心轴能够用于一个尺寸范围的孔中并适用于具有非标准孔径的工件。由于这种心轴的一端具有直柄，因此它还可装夹在卡盘或夹头上

2.2.6　工件的辅助支承方法

有时需要加工的工件很长，加工时会向远离刀具的方向弯曲，导致加工表面不一致。现有几种方法用来为工件增加辅助支承，以避免发生这种情况。

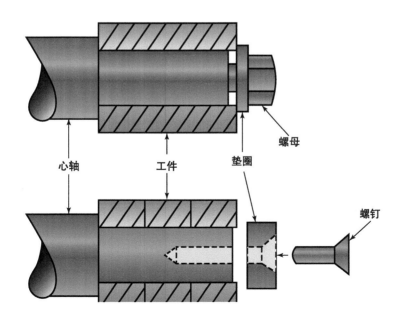

图 2-30　定制心轴可用来安装一个或多个工件以加工外圆

1. 固定支架

固定支架直接固定在车床导轨上，像托架一样包围并支承工件（见图2-31）。固定支架的内部有三个可调支承爪支承工件旋转。这些可调支承钉一般用类似黄铜这样的软材料制成，以防止划伤工件。有些固定支架在其支承爪上设有滚动体与工件一起旋转来防止工件表面损伤。固定支架可支承在靠近待加工面的外圆中部。它还可用于支承细长工件以完成其端部的切削。

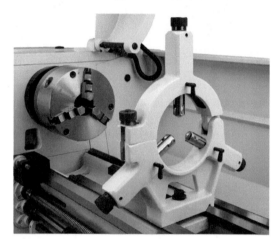

图2-31 固定支架为细长工件提供辅助支承，以防止工件向远离刀具的方向弯曲

安装和调整固定支架尽管存在某些不确定的因素和不同的方法，但一般步骤如下：

1）将固定支架尽可能地靠近主轴箱放在导轨上并固定到床身上。要确保导轨和支架的底座接触面是干净、无毛刺的。

2）退回支承爪，将支架铰接的上半部分打开，使工件穿过支架安装到主轴上。如果工件上钻有中心孔，则使用尾座顶尖来支承工件的另一端。

3）闭合并锁紧支架的上半部分，调节支承爪使之与工件轻轻接触。锁定支承爪的位置以防止它们在加工期间产生移动。

4）松开锁定并打开支架的上半部分，将工件从车床上移出。

5）将支架从床身上松开，移动支架使之位于导轨上想要的位置，再把它固定到床身上。

6）重新安装工件，然后关闭并锁紧支架的上半部分。注意不要让工件掉到支架的支承爪上，这样会使支承爪偏离调整的位置。

7）在支承爪与工件的接触面上添加润滑剂。

8）在使用期间经常检查支承爪的调整和接触情况，以保持支承爪和工件之间的轻度接触。保持支承爪在使用中有良好的润滑。

2. 跟刀架

与固定支架相似，跟刀架也是通过与工件外圆接触来保持工件平稳和提供辅助支承的。跟刀架和固定支架的主要区别是，跟刀架安装在溜板上并和刀具一起沿工件长度方向移动。跟刀架有两个支承爪，通常放在与刀具正对的工件背面。刀具相当于第三个支承爪，切削时将工件推向跟刀架的两个支承爪方向（见图2-32）。

图2-32 跟刀架安装在溜板上与刀具一起移动，用于支承细长工件

安装跟刀架时通常按以下步骤：

1）将工件安装在主轴上并用尾座顶尖支承。

2）退回跟刀架的支承爪。

3）将跟刀架用螺栓连接到溜板上。

4）调节跟刀架的两个支承爪直至轻轻接触到工件表面。

5）在工件与跟刀架支承爪接触的表面上施加充足的润滑剂以防止表面磨损和损坏。

6）由于跟刀架与工件加工表面接触，因此在每次走刀后都要重新调节跟刀架的支承爪。

2.3 刀具夹紧

在车床上加工的另一个重要方面就是确保刀具正确地夹紧。刀具夹紧装置用来将刀具安装到车床上。为保证加工的一致性和精确性，刀具夹紧装置必须保证刀具牢牢夹紧。车削过程中噪声过大和振动现象往往是由于刀具装夹不够牢固造成的。切削振动导致表面粗糙度值增大，加快刀具磨损和崩刃。刀具夹紧装置的另一个特性是不同类型刀具之间的换刀操作方法和效率。

2.3.1 摆杆式刀具夹紧

车床上装夹刀具的一种方法是采用摆杆式刀架装夹。这一名称的由来是因为刀夹的上下调节是通过松开夹紧螺栓摆动位于圆形垫板上面的摆杆实现的。由于夹紧刚性差、换刀效率低，大多数摆杆式刀架和刀夹已被现代新式刀具夹紧机构取代了。虽然摆杆式刀架和刀夹现在已经不再被广泛使用，但其结构形式仍在许多机床附件中使用。

1. 摆杆式刀夹

如图 2-33 所示，摆杆式刀夹分为左手式、直柄式和右手式。为适合不同类型的车刀，刀夹的形式有很多，如图 2-34 所示。

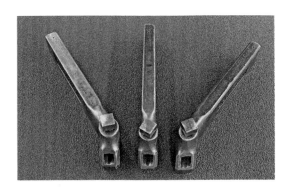

图 2-33 摆杆式刀夹分左手式、直柄式和右手式

图 2-34 车刀类型不同，摆杆式刀夹的样式也不同

2. 摆杆式刀架

摆杆式刀架用来将摆杆式刀夹安装到车床上。这种装置由夹紧螺栓、垫圈、下垫板、摆杆（或楔块）和主刀架构成，如图 2-35 所示。主刀架因其形状像灯塔而有时也称作刀塔。刀架安装时，首先使下垫板穿过主刀架插入小滑板的 T 形槽中。接下来将垫圈套到主刀架上，将摆杆插入主刀架中。将一个摆杆式刀夹插入主刀架放在摆杆上面。拧紧夹紧螺栓，使刀夹和刀架固定在小滑板上。安装刀具时，将刀具放在刀夹上旋紧刀夹螺钉。图 2-36 所示为安装在刀架上的摆杆式刀夹。

刀具安装后，刀尖高度必须调整到与车床主轴中心线（也是工件中心线）对齐。调节时可用主轴顶尖或尾座顶尖作为参考。为使刀尖达到这个高度，调节摆杆和刀夹使刀尖上下移动，最后旋紧刀架夹紧螺钉。图 2-37 所示为刀尖的调节过程。

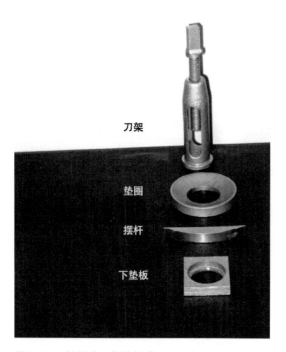

图 2-35 摆杆式刀架的组成

图 2-36 安装在刀架上的摆杆式刀夹

图 2-37 调节刀架上的摆杆，使刀尖抬起或降低以获得正确的高度，然后旋紧夹紧螺钉

注意

不要把刀夹拿在手上旋紧刀夹夹紧螺钉。因为扳手、刀具和刀夹会滑脱下来，锋利的刀具会对人身造成严重伤害。

2.3.2 快换式刀具夹紧

1. 快换式刀架

与摆杆式刀架相比，快换式刀架用起来要便利多了。快换式刀架由 T 形螺母、夹紧螺柱和刀架组成。快换式刀架通常有一个燕尾槽与刀夹的燕尾槽配合。刀架通过 T 形螺母和螺柱固定在小滑板上。刀夹安装在刀架上，通过手柄旋紧或拧开刀夹锁紧机构。刀夹插入刀架的燕尾槽中，转动手柄将刀夹锁定到刀架上。反转手柄使刀架解锁，就可移出刀夹。图 2-38 所示为一种快换式刀架。快换式刀架允许将几把车刀安装到各自的刀夹中，使用时可迅速而轻松地进行更换，而无需像摆杆式刀架那样需要调节刀具的位置。

图 2-38 拉动快换式刀架上的操作杆，将刀夹锁定到刀架的燕尾槽上。推动操作杆时刀夹解锁

2. 快换式刀夹

快换式刀夹具有燕尾槽结构，与快换式刀架上的燕尾槽配合，实现刀夹与刀架

的连接。刀夹有几种样式。有些刀夹通过旋紧螺钉夹紧刀具，而有些则把刀夹与刀具做成一体。图 2-39 所示为几个快换式刀夹的实例。刀具的高度是通过移动调节螺母来抬起和降低刀夹在刀架上的位置来设定的，如图 2-40 所示。

图 2-39　几种不同样式的快换式刀夹

图 2-40　调节快换式刀夹上方的螺母来设定刀具的高度

2.3.3　可转位刀架

可转位刀架由 T 形螺母、夹紧螺柱和带有可拆卸式或整体式刀夹的多重侧面刀架体组成（见图 2-41）。这种装置能够同时装夹多把刀具，转位方便，可将需要的刀具可靠地定位到期望的位置。这类刀架一般有插销或凹槽，使得刀架转动后能够重复并精确地定位于同一位置。可转位刀架

能够夹持多把刀具，这样就大大地减少了车削的准备时间。具有整体式刀夹的可转位刀架只能夹紧四把刀具，如果加工需要用到多于四把刀具，就要增加刀具重新装夹的时间。另一类刀架由于利用了快换系统，因此即使刀架上一次只能安装某一数量的刀具，也可以预置多把刀具，以便快速轻松地拆除和安装到同一位置。

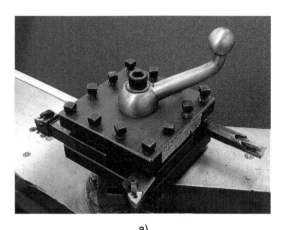

a)

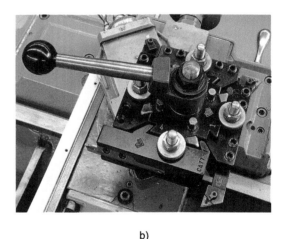

b)

图 2-41　a）可转位刀架可以装夹多把刀具。b）实现快速转位

安装刀具时，将 T 形螺母放到小滑板的 T 形槽中，将螺柱旋入 T 形螺母中，把刀架固定到车床小滑板上。位于刀架体上面的手柄用来解除刀架锁紧，将刀架转位到指定的位置，然后再将之锁紧以进行切削（见图 2-42）。

a)

b)

图2-42 a）可转位刀架的操作杆用来松开刀架。b）将松开的刀架转动到需要的位置再锁紧以进行加工

2.3.4 孔加工刀具夹紧

钻孔、铰孔、锪孔、扩孔等标准孔加工操作都能通过将刀具安装到车床尾座上完成。

1. 锥柄刀具

车床尾座套筒的莫氏锥面可用来安装锥柄孔加工刀具。在安装锥柄刀具之前，要确保套筒伸出尾座体2in左右，以防止锥柄碰到孔底。然后和在钻床上安装钻头一样，将刀具安装到尾座上。可以使用带莫氏锥度的套筒或插槽作为过渡套，实现刀具锥柄与尾座锥尺寸的适配。切记，一定要保证孔和刀柄清洁无毛刺，刀柄的扁尾与孔内的槽要对齐。从尾座套筒上移出锥柄刀具时，用手轮将套筒退回直至感到有阻力。继续用力转动手轮，使刀柄和套筒之间的锥面锁紧脱开。图2-43所示为安装在车床尾座上的莫氏锥柄钻头。

图2-43 一把莫氏锥柄钻头安装在车床尾座上。取下钻头时，旋转手轮将尾座套筒退回直到钻头从套筒锥孔中松开

2. 直柄刀具

很多孔加工刀具都是直柄的。和用在钻床上类似，这些刀具使用钻夹头进行安装。和其他锥柄刀具一样，钻夹头上也有莫氏锥柄用于从尾座上装夹和取出。

车床操作 第3章

3.1 概述

完成了适当的刀具与工件装夹设备的选择后，工件加工就从规划阶段进入了实施阶段。这一期间，车床可用来完成多种不同类型的内外回转零件特征的加工。进行任何车削加工的第一步是确定切削速度，包括主轴转速和进给速度的计算，然后选择合适的切削刀具。当完成工件和刀具的装夹后，准备工作便完成了，接下来就可以开始切削了。

3.2 背吃刀量、切削速度、进给量和加工工时的计算

在开始车削操作前，要确定合适的切削速度和进给量。切削速度和进给量过小会影响切削效率，损失时间；过大则会加剧刀具磨损，还可能使工件报废。记住车床的切削速度是以主轴的每分钟转数设定的，进给量是以主轴每转一转刀具移动的距离来度量的。

背吃刀量、切削速度、进给量和加工时间是车床操作需要掌握和考虑的重要因素，关系到操作安全和生产效率。

3.2.1 背吃刀量

背吃刀量指车刀切入工件的距离。当切削直径时，直径减小背吃刀量的两倍（见图3-1）。

车床中滑板千分刻度盘有两种刻度表示法：直径法和半径法。半径法不常见，但也有用的。如果机床使用的是半径法表示的刻度盘，刻度指示的是刀具实际的移动量，等于背吃刀量。例如，假设刀具接触工件时半径法表示的刻度盘显示的是零，如果刻度盘显示中滑板前进了0.050in，那么刀具将从工件上切除0.050in的半径值（工件单侧切除量）。0.050in的背吃刀量会使工件的直径减小0.100in。

反之，用直径法表示的刻度盘则显示从工件整个直径（双侧）切除的材料数量。例如，假设当刀具与工件外圆面接触时直径法表示的刻度盘显示为零，如果刻度盘显示中滑板前进了0.050in，这时刀具会从工件单边切除0.025in。0.025in的背吃刀量会使工件的直径减小0.050in。

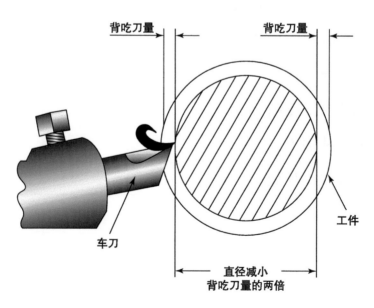

图3-1 背吃刀量是刀具切入工件的距离。工件直径减小背吃刀量的两倍

3.2.2 切削速度

在钻孔时切削速度 n（r/min）的标准公式为

$$n = \frac{3.82CS}{D}$$

式中，CS 为表面线速度（ft$^{\ominus}$/min）；D 为刀具直径（in）。

同样的公式可用于计算车削速度 n，只是车削时 D 是工件直径不是刀具直径。

例 3-1 以 90ft/min 的表面线速度切削一个直径为 1.5in、材料为 1020CRS 的工件，试确定主轴转速 n。

CS=90ft/min，D=1.5in。将这些值代入 n 的计算公式并求解，得

$$n = \frac{3.82 \times 90}{1.5} \text{r/min}$$
$$= \frac{343.8}{1.5} \text{r/min}$$
$$= 229.2 \text{r/min}$$

主轴转速需要设定到最接近 229r/min 的可用速度。

记住对任何给定的工件和刀具材料（高速钢或碳素钢）都要选择适当的切削速度，像《Machinery's Handbook（机械加工手册）》或其他参考材料中都能找到切削速度图表。

图 3-2 所示为切削速度表的一个实例。

3.2.3 进给量

车床操作的进给量与钻床操作的概念相似。进给量以 IPR（in/r）或 FPR 来表示。

例如，进给量为 0.002IPR（或 FPR）表示主轴每转一转，刀具沿工件表面前进 0.002in；进给量为 0.015 IPR（或 FPR）表示主轴每转一转，刀具沿工件表面前进 0.015in。

切记，在多数车床上设置进给量时，横向进给量要取为纵向进给的一半。

3.2.4 粗加工与精加工

在车削加工中，其实是在所有机加操作中，都有粗加工和精加工。粗加工的目的是尽可能快地去除材料以接近期望的尺寸。粗加工很少考虑表面是否光滑。粗加工采用较低的切削速度、较大的背吃刀量和较高的进给量。粗加工完成后，通过精加工来获得光滑表面并使工件获得最终期望的尺寸。精加工采用较高的切削速度、较小的背吃刀量和较低的进给量。图 3-3 中对粗加工和精加工进行了对比并给出了两者之间的联系以及它们的背吃刀量、切削速度和进给量。

材料	布氏硬度 HBW	切削速度（表面线速度）/（ft/min）	
		高速钢	碳素钢
普通碳素钢： AISI/SAE 1006–1026，1513，1514	100~125	120	350~600
	125~175	110	300~550
	175~225	90	275~450
	225~275	70	225~350
合金钢：AISI/SAE 1330–1345，4032–4047，4130–4161， 4337–4340，5130–5160，8630–8660，8740，9254–9262	175~225	85	250~375
	225~275	70	225~350
	275~325	60	180~300
	325~375	40	125~200
	375~425	30	90~150
工具钢：AISI 01，02，06，07	175~225	70	225~350
工具钢：AISI A2，A3，A8，A9，A10	200~250	70	225~350
工具钢：AISI A4，A6	200~250	55	175~275
工具钢：AISI A7	225~275	45	125~225
不锈钢：AISI 405，409，429，430，434，436，442，446，502	135~185	90	325~450
不锈钢：AISI 301，302，303，304，305，308，309，310，314， 316，317，330	135~185	75	275~400
	225~275	65	225~350
灰铸铁：ASTM A18，A278（20 KSI TS）	120~150	120	240~600
灰铸铁：ASTM A18，A278（25 KSI TS）	160~200	90	200~450
灰铸铁：ASTM A48，A278（30，35，& 40 KSI TS），A	190~200	80	175~400

图 3-2 使用高速钢和碳素钢刀具车削某些材料时切削速度表面线速度的图表示例

$\ominus$　1ft=0.3048m。

	背吃刀量	切削速度	进给量	表面粗糙度
粗加工	较大 0.050~0.250in	较慢	较大 0.010~0.040 in/r	粗糙
精加工	较小 0.010~0.050in	较快	较小 0.001~0.010 in/r	光滑

图 3-3 粗加工和精加工中背吃刀量、切削速度和进给量之间的联系

3.2.5 加工工时的计算

人们需要估算完成一个车削操作所需要的时间，这对于加工大型工件或大批量的零件是十分重要的。加工工时 T（min）可以根据以下公式来计算：

$$T = \frac{L}{nf}$$

式中，L 为切削长度（in）；n 为主轴转速（r/min）；f 为进给量（in/r）。

下面的例题也许是一个极端情况，并不普遍，但却说明了估算加工工时的重要性。

例 3-2　加工一个长度为 30in、直径为 16in、材料为 AISI/SAE 4140 的钢件，切削速度为 110ft/min，进给量为 0.005in/r。

首先计算主轴转速

$$n = \frac{3.82 \times 110}{16} \text{r/min}$$

$$= \frac{420.2}{16} \text{r/min} = 26.3 \text{r/min} \approx 26 \text{r/min}$$

然后计算加工工时

$$T = \frac{30}{26 \times 0.005} \text{min}$$

$$= \frac{30}{0.13} \text{min} = 230.8 \text{min}$$

$$\approx 3.85 \text{h}$$

如果一个工件需要多次进给，加工工时计算就更为重要了。

例 3-3　从一个直径为 20in、长度为 80in 的铸铁件开始，以切削速度 200ft/min、进给量 0.008in/r、背吃刀量 0.200in 加工出直径为 16in、长度为 72in 的工件，试计算所需加工工时。

首先，确定所需的进给次数。用加工前的直径 20in 减去加工后的直径 16in 得到总的直径改变量是 4in。由于每次 0.200in 的背吃刀量使直径减小 0.400in，用总的直径改变量 4in 除以每次进给的直径改变量 0.400in，得到的数值即为所需进给次数。本例中，进给次数为 10。

接下来用加工前和加工后工件直径的平均值计算主轴转速 n。这种做法对于估算加工工时很有效，但实际加工时，主轴转速随着材料移除是要调整的。本例中平均直径为 18in，则平均主轴转速 n 为

$$\frac{3.82 \times 200}{18} \text{r/min} = \frac{764}{18} \text{r/min} = 42 \text{r/min}$$

然后计算每次进给的时间。由于 $L = 72 \text{in}$，$n = 42 \text{r/min}$，$f = 0.008 \text{in/r}$，则

$$T = \frac{72}{42 \times 0.008} \text{min}$$

$$= \frac{72}{0.336} \text{min} = 214 \text{min}$$

则 10 次进给的总时间

$$T = 214 \text{min} \times 10 = 2140 \text{min}$$

$$\approx 35.6 \text{h}$$

上述实例表明了加工工时计算对于估算成本和确定交工日期的重要性。

3.3 通用车床操作安全事项

和任何机床一样，车床操作也十分危险，但预先了解一些基本防范措施，就能保证车床操作安全。本节将陆续列出具体安全事项，但有些防范措施是必须要牢记的，以确保任何车床操作的安全，列举如下：

- 切记操作车床时要佩戴 ANSI Z87 等级的安全眼镜。

- 要穿合适的硬底工作鞋。

- 要穿短袖工装或将长袖挽到胳膊肘以上。

- 千万不能穿任何宽松的衣服，以防止被绞进运动的机床部件中。

- 要摘下手表、戒指和其他首饰。

- 长发要挽起，以免被卷进运动的机床部件中。

- 要确保任何车床操作前所有机床的保护装置和防护罩都归位。

- 避免细长工件伸出车床主轴箱的左侧端面之外。

- 绝对不允许操作已被挂牌上锁的车床或移除他人的挂牌上锁警示标签。

- 操作车床期间，要保持关注机床运行，不能为其他事情分心或与他人交谈。

- 千万不能在车床运行期间走开。

- 不允许让他人调整工件、工装或机床设定状态，也不允许改变他人的机床设定。

- 不允许将刀具快速和用力地移向工件。这样会引起刀具折断，产生锋利碎屑甩向操作人员。对于直径小的和长度短的工件还可能导致夹紧松动。

- 禁止接触正在旋转的工件或夹紧装置，杜绝用手或使用抹布试图使主轴停止转动，要让主轴转动自然停下来。

- 总是在关闭车床并使主轴完全停止转动后才能松开夹紧或夹紧装置、进行测量或清洁车床。

- 仅当主轴完全停止转动后才能使用刷子、钳子或除屑钩子将切屑从工件和刀具上移除。一定不要用手移除切屑。

- 绝不能使用压缩气体清洁车床上的切屑、碎片和切削液。

3.4　端面车削和外圆车削

端面车削和外圆车削是两种最普通的车床操作。如图 3-4 所示，端面车削是在工件端部横向切削，以切出平整的端面；而外圆车削是减小工件外圆直径。用于端面车削和外圆车削的刀具种类和形式有很多，但其切削原理基本相同。

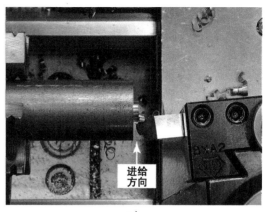

a）

b）

图 3-4　a）端面车削用来加工端面和截断工件。b）外圆车削用来获得工件直径

3.4.1　端面车削和外圆车削刀具

车床上使用高速钢刀具加工端面和外圆已经有很多年了。用一个方形或矩形刀头坯料就能在台式磨床上磨削出所需的刀具几何参数。还可以购置标准类型的刀具，它们自带正确的几何参数（见图 3-5）。刀具的几何参数包括加工过程中切除材料所需的各种角度。高速钢刀具磨损后可重复修磨，但由于修磨后刀尖位置发生变化，因此需要重新对刀。

钎焊硬质合金车刀由碳素钢刀柄和焊接的硬质合金刀头组成（见图 3-6）。钎焊硬质合金车刀可使用碳化硅或金刚石砂轮重复刃磨，但刀具刃磨后需要重新对刀。

a)

b)

c)

图3-5 a) 图左侧所示的高速钢刀头坯料可以在台式磨床上加工成具有所需几何参数的车刀，用以完成外圆和端面车削。b) 用高速钢坯料可以制造各种形状的车刀，图中只列出了其中的几个样品。c) 一些用于特定操作的标准高速钢刀具，可以购置后直接使用

图3-6 钎焊硬质合金车刀样品

可转位车刀使用可以转位使用的多边形硬质合金刀片，刀片具有互换性，固夹在钢制刀体上。根据不同应用场合和加工材料，硬质合金刀片可以选择不同牌号或成分来制造。不同牌号的硬质合金好比合金钢。不同的合金元素含量赋予合金钢在刚度、硬度和抗振性方面不同的特性。硬质合金也是如此。当一个刀片上的所有切削刃都用钝时，刀片直接被替换（见图3-7）。由于新的刀片将刀尖置于和原刀尖相同的位置，因此这些刀具很少或不需要重新对刀。因此，硬质合金可转位车刀越来越普遍，但高速钢和钎焊硬质合金车刀仍然在很多车间中使用。

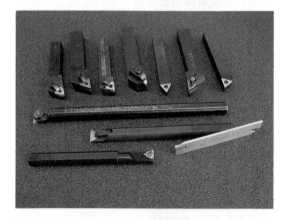

图3-7 可转位车刀使用硬质合金刀片。这些车刀可通过转位迅速更换刀头，而不像高速钢和钎焊硬质合金车刀那样需要重新刃磨

普通外圆车刀和端面车刀可以首先分

为右手车刀、左手车刀和中性车刀三种基本类型（见图 3-8）。左手车刀的切削方向是自左向右，而右手车刀是自右向左。中性车刀在左右两个方向都能切削。注意，这三种类型只是车刀的基本类型，每种类型中还包括不计其数的变体。

3.4.2　刀具的基本几何参数

不管是高速钢刀具、钎焊硬质合金刀具还是可转位硬质合金刀具，端面车刀和外圆车刀具有某些共同特征。

余偏角是刀具的主切削刃相对于刀体的夹角。余偏角可以是正的、负的或为零。图 3-9 所示为不同余偏角的实例。

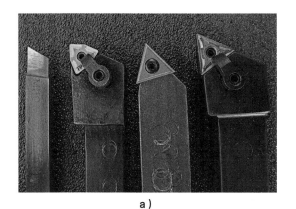

a）

a）

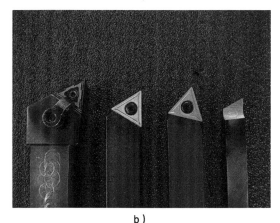

b）

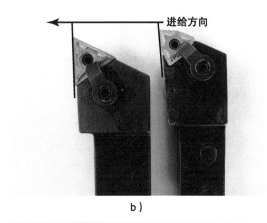

b）

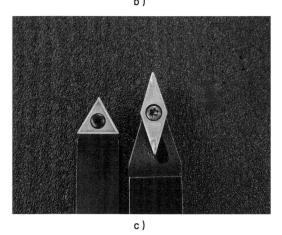

c）

图 3-8　a）右手车刀自右向左切削。b）左手车刀从左向右切削。c）中性车刀在左右两个方向都可切削

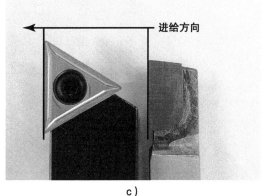

c）

图 3-9　右手车刀余偏角示例：a）为正。b）为负。c）为零

副偏角是工件已加工表面与刀具前端面之间的夹角（见图3-10）。如果没有这个夹角，刀具的前端面会刮碰到工件的已加工表面。

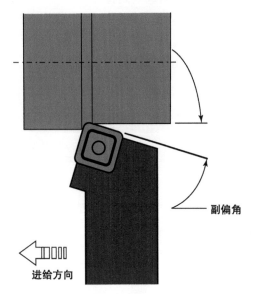

图 3-10 副偏角提供了刀具和工件之间的间隙，防止刀具前端与工件已加工表面之间产生摩擦

刀具需要有侧后角才能完成切削。没有侧后角，刀具就只能摩擦工件了。图3-11所示为车刀的侧后角。

背前角这一术语用来描述刀具上表面与通过工件中心线的水平面之间的夹角。背前角可以是正的、负的或为零，如

图3-12所示。侧前角是刀具上表面与刀体下底面之间的夹角，如图3-13所示，该夹角可以是正的、负的或为零。正的背前角可以切出很薄的切屑，使所需切削力减少，但随着背前角增大，切削刃会变得越来越薄，从而使切削刃强度降低。

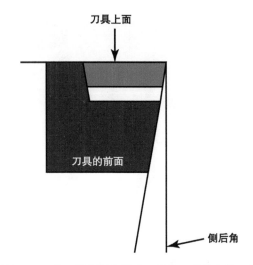

图 3-11 车刀的侧后角防止刀具与工件的摩擦，使切削顺利进行

刀尖半径是主切削刃和副切削刃相交的尖角处圆弧半径（见图3-14）。刀尖半径直接影响已加工表面的表面粗糙度。通常较大的刀尖半径会产生较光洁的表面并使刀尖具有更大的强度。然而，如果刀尖

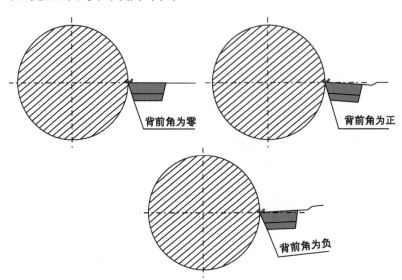

图 3-12 背前角（也称上前角）

半径过大，可能由于刀具和工件的接触面积增大而导致振动和变形。相反，如果刀尖半径减小，刀尖强度减弱，耐热性降低，会加速磨损，从而增加修磨和对刀次数。对于普通车削，刀尖半径通常取 0.015in 或 0.031in。

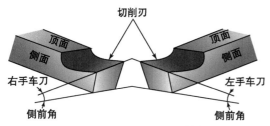

图 3-13　右手车刀和左手车刀的侧前角

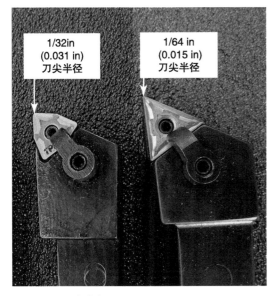

图 3-14　刀尖半径

如果是高速钢刀具，则所有刀具角度都要在一个刀头坯料上通过台式磨床和氧化铝砂轮修磨出来，其刀尖半径通常是手工用磨石打磨出来的。对于钎焊硬质合金刀具，市面上提供的种类较多，可以做不同选择，还可以使用碳化硅或金刚石砂轮重复修磨。可转位硬质合金刀片具有各种刀具角度组合和刀尖半径，可购买后直接使用。

1. 可转位硬质合金刀片

　　刀具制造商投入了大量的研究来开发适合各种应用的可转位硬质合金刀片。针对每一种加工，从刀片的材料、形状、公差、切削刃几何参数、卷屑槽几何形状乃至刀片涂层等都做了慎重细致的考虑以赋予刀片高性能的切削特性。这方面的深层知识超出了本书范围。事实上，一个刀具制造商对他们的每个生产线使用长达 500 页的目录是很平常的。然而，美国国家标准学会（ANSI）对于通用的可转位硬质合金刀片确立了基本标识系统。这一系统基于制造过程中刀片的形状、后角、公差和刀片安装特性（相关刀片在刀体上的安装方式）、大小、厚度及刀尖半径（或刀尖形状）对刀片进行标识。标识中还可包含关于刀片切削方向的偏向性、切削刃的制备、侧面尺寸和卷屑槽形式等附加信息。图 3-15 给出了使用这一系统对刀片进行标识的图解表。图表的上方是刀片指定部位的参考样图。

　　（1）形状　刀片的第一个标识特征就是形状。在图 3-15 中用位于首位的字母表示。刀片的形状不仅决定了刀具能加工的零件特征，还决定了刀片的强度和工件与刀具之间切削力的大小。图 3-16 所示为刀片形状对刀具强度和切削力的影响。

　　刀片最普通的形状是圆形、方形、80° 菱形、三角形、55° 菱形及 35° 菱形。刀片标识系统使用一个字母代表一种刀片形状。图 3-17 所示为刀片形状、其标识字母和各自的应用。

　　（2）后角　后角是指在刀片切削刃下方设置的间隙大小。后角用字母表示，其角度大小是在图 3-15 中第二个位置所示的状态下测量的。刀片的后角决定前角，后者是刀片安装在刀体上的角度。有一点很重要，需要强调一下，就是切削过程中所需的总后角大小既可以在刀片制造时设定，也可以由刀体提供，或通过两者组合来形成。零后角刀片必须用在以负前角方向倾

S	N	C				N	4	3	2	E	R	4
1	2	3				4	5	6	7	8	9	10
形状	后角	公差等级				类型	尺寸(内切圆)	厚度	刀尖	切削刃形状	切削方向	倒棱尺寸

第1位（形状）： A 平行四边形 85°；B 平行四边形 82°；C 菱形 80°；D 菱形 55°；E 菱形 75°；H 正六边形；K 平行四边形；L 矩形；M 菱形 86°；O 正八边形；P 正五角形；R 圆形；S 四方形；T 三边形；V 菱形 35°；W 六边形 80°

第2位（后角）： N 0°；A 3°；B 5°；C 7°；P 11°；D 15°；E 20°；F 25°；G 30°；D 0°

第3位（公差等级）——尺寸公差（对称公差值）

等级代号	m	d	S(刀片厚度)
A	0.0002	0.0001	0.001
B	0.0002	0.0005	0.001
C	0.0005	0.0001	0.001
D	0.0005	0.0005	0.001
E	0.0010	0.0010	0.001
F	0.0002	*	0.001
G	0.0010	0.0010	0.001
H	0.0005	*	0.001
J	0.0002	*	*
K	0.0005	*	*
L	0.0010	*	*
M	0.0010	0.0005	0.005
N	0.0010	0.0010	0.001

注：* 见下表。

对 C、E、H、M、O、P、S、T、R、W 形状有效

I.C (内切圆直径)	J K L M N	N N	U
3/16	0.0002	0.003	0.005
7/32	0.0002	0.003	0.005
1/4	0.0002	0.003	0.005
5/16	0.0002	0.004	0.005
3/8	0.0002	0.005	0.007
1/2	0.0003	0.005	0.009
5/8	0.0004	0.007	0.011
3/4	0.0005	0.007	0.011
1-1/4	0.0005	0.010	0.015

仅适用于形状 D

I.C (内切圆直径)	等级 J K L M N	等级 M N	m
3/16	0.0002		0.004
1/4	0.0002		0.004
5/16	0.0002		0.004
3/8	0.0002		0.006
1/2	0.0003		0.006
5/8	0.0004		0.007

仅适用于形状 V

I.C (内切圆直径)	等级 J K L M N	d 等级 M N	m
3/16	0.0002		0.004
1/4	0.0002		0.004
5/16	0.0002		0.004
3/8	0.0003		0.006
1/2	0.0004		0.007
5/8	0.0004		0.007

第4位（类型）： A 70°~90°；B 70°~90°；C；F；G；H 70°~90°；J 70°~90°；M；N；Q 40°~60°；R；T 40°~60°；U 40°~60°；W 40°~60°；X 调整/完备尺寸

第5位（尺寸，内切圆）： 对于等边可转位刀片，该数表示以1/8in为单位的内切圆直径值。

测量距离：对于 F、G、J 和 M 类型刀片是从一侧的切削刃到另一侧的定位面的距离。对于 H、M、R 和 T 类型刀片是从刀尖到底面的距离。对于 A、B、N、Q 和 W 类型刀片是从上面刀底面的距离。

1/8"=1；5/32"=1.2；3/16"=1.5；7/32"=1.8；1/4"=2；5/16"=2.5；3/8"=3；1/2"=4；3/4"=6；7/8"=7；1-1/4"=10

对于矩形和平行四边形可转位刀片需要两位数字来表示。第一位数字：以1/8in为单位的宽度。第二位数字：以1/4in为单位的长度。

1/16"=1.5；5/64"=1.5；3/32"=1.5；1/8"=2；3/16"=2.5；7/32"=3.5；1/4"=4；5/16"=5；1/2"=7；9/16"=9；5/8"=10

第6位（厚度）： 该数表示以1/16in为单位的可转位刀片厚度。

1/16"=1；5/32"=1.2；3/16"=1.5；7/32"=1.8；1/4"=2；5/16"=2.5；3/8"=3；1/2"=4；5/8"=5；3/4"=6；7/8"=7；1-1/4"=10

第7位（刀尖）： 该数表示以1/64in为单位的刀尖圆角半径值。例如：0.002"=0.2；0.004"=0.2；0.008"=0.5；1/64"=1；1/32"=2；3/64"=3；1/16"=4；5/64"=5；3/32"=6；7/64"=7；1/8"=8；3/16"=12；7/32"=14；1/4"=16

双字母：首字母表示主偏角 κr；A=45°；D=60°；E=75°；F=85°；P=90°；Z—其他角度。次字线字母表示修光刃后角；A=3°；B=5°；D=15°；E=20°；F=30°；P=11°；Z—其他角度。

第8位（切削刃形状）： 倒转切削刃（倒圆切削刃）：A—0.0005″~0.003″；B—0.002″~0.005″。E—倒圆切削刃；F—尖锐切削刃；J—仅前刀面抛光至4研磨AA；K—双倒棱切削刃；P—既双倒棱又倒圆切削刃；S—既倒棱又倒圆切削刃；T—倒棱切削刃

第9位（切削方向）： R—右切刀；L—左切刀；N—双向切

第10位（倒棱尺寸）： 右切或左切；副切削刃；主切削刃；双向切。该位数字表示以大约1/64in为单位的主切削刃长度。仅在第七位上是双字母时才加。例如：1/64″=1；1/32″=2；3/64″=3；1/16″=4；5/32″=5；7/64″=7；1/8″=8；9/64″=9；5/32″=10

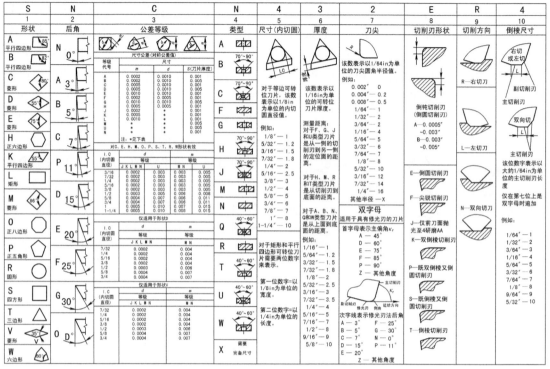

图 3-15 ANSI 可转位硬质合金刀片标识系统

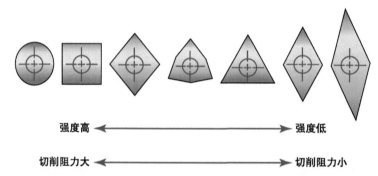

强度高 ←——————————→ 强度低

切削阻力大 ←——————————→ 切削阻力小

图 3-16　切削不同类型的零件特征需要各种形状的可转位刀片。可转位刀片的形状也影响刀具强度和产生的切削力

斜安装刀片的刀体上，这样才能形成刀具和工件之间的间隙。正后角刀片（通常后角大于3°）可以平夹（在0°刀体上）或反向倾斜装夹（在一个正角度刀体上）。图3-18所示为获得合适的后角需要刀片在刀体上的倾斜方式。零后角的刀片具有较大的强度还能获得多一倍长度的切削刃（因为零后角刀片两面都可使用）。零后角刀片通常耗能较多，产生的切削力也更大。

（3）公差　在图3-15中第三位字母表示公差。与所有其他产品制造一样，可转位硬质合金刀片在制造中也有尺寸公差。这些尺寸公差保证用户在对刀片转位或更换同型号新刀片时把握所需的精度值。刀片公差小，制造要求高，因而成本也增加。

（4）装夹特征　图3-15中的第四位字母表示刀片安装到刀体上的方式和卷屑槽的设置方法。有些刀片通过一个中心孔来紧固，而有些刀片是通过压板来固定的。很多刀片则同时采用中心孔和压板来夹紧。刀片表面上断屑槽的几何形状是经过精心设计的。设置卷屑槽是为了形成特定形状

	圆形	方形	80°菱形	三角形	三角形	55°菱形	35°菱形
刀片形状	R ●	S ■	C ◇80°	W ◁80°	T ▲	D ◇55°	V ◇35°
端面车	一般	良好	良好	良好	一般	一般	不宜
纵向车	不宜	不宜	良好	一般	一般	良好	良好
复杂轮廓车	不宜	不宜	一般	一般	一般	良好	良好
断续车	良好	良好	一般	一般	一般	不宜	不宜
粗车	良好	良好	良好	一般	一般	不宜	不宜
轻粗车/半精车	不宜	一般	良好	良好	良好	良好	不宜
精车	不宜	不宜	一般	一般	良好	良好	良好
低功耗	不宜	不宜	一般	一般	良好	良好	良好
低震动/颤动	不宜	不宜	一般	一般	良好	良好	良好
硬材料切削	良好	良好	不宜	不宜	不宜	不宜	不宜

图 3-17　一般硬质合金可转位刀片的形状、标识字母和一般应用

负角度刀片

- 非常强
- 外圆车削的优先选择
- 能够承受大切削量和断续切削
- 通常双面使用

正角度刀片

- 较小的切削力
- 用于非刚性零件的镗孔和外圆车削
- 单面使用

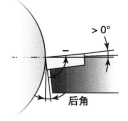 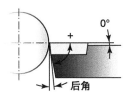

图 3-18　观察刀体在固定刀片时如何提供一个倾斜角度使零后角刀片获得后角。刀片必须在两个方向倾斜以获得前切削刃后角和侧切削刃后角。还要注意，没有倾斜（或正角倾斜）的刀体不能安装零后角刀片，因为这样刀具会刮伤工件

的切屑，即使切屑紧密卷曲并折断成便于清理的小碎段。有的刀片有一面带卷屑槽，有的两面都带卷屑槽，也有的根本不设卷屑槽。

（5）刀片尺寸　图 3-15 中的第五位表示可转位刀片的尺寸。由于可转位刀片的形状千差万别，需要开发一个忽略刀片具体形状来定义其尺寸的统一方法。通过确定刀片多边形的最大内切圆就可以表示大多数刀片的尺寸，称之为内切圆尺寸。图 3-19 所示为两种不同形状刀片的内切圆。图 3-15 中英寸系列内切圆直径代号表示直径尺寸 1/8in 的倍数。例如，一个刀片的尺寸代号是 3，即表示其内切圆直径是 3/8in。

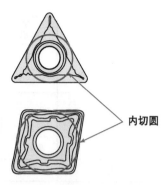

图 3-19 图中所指两个圆代表两种不同形状可转位刀片上的内切圆

（6）刀片厚度 图 3-15 中的第六位表示刀片尺寸的另一个值——刀片厚度。刀片厚度代号表示厚度尺寸为 1/16in 的倍数。例如，一个刀片的厚度尺寸代号是 2，即表示刀片厚度为 2/16in 或 1/8in（化简后）。

（7）刀尖半径 / 刀尖 图 3-15 中第七位表示刀尖。对于外圆车刀，刀尖通常是圆弧。如之前所述，刀尖圆弧有助于提高刀片强度，影响表面粗糙度和切削阻力。在这一标识系统中，刀尖代号表示刀尖圆角半径为 1/64in 的倍数。例如，刀尖代号为 1，即表示刀具具有半径为 1/64in 的刀尖圆弧半径。

（8）刀具制造商的选项 图 3-15 中第八位是为刀片制造商提供的可选项，用以表示附加信息。

（9）卷屑槽 为进一步控制切屑，硬质合金刀片制造商投入了大量的研究，在可转位刀片上做出卷屑槽来进一步改善切屑的形成方式。这些卷屑槽的形状有时看起来像一件华丽的艺术品，但它们是经过科学研究而确定的图案，适用于特定的切削条件。有些可转位刀片的卷屑槽是专门为特定的材料类型、硬度条件和是否为粗加工或精加工而设计的。很多刀片制造商在刀片的 ANSI 标识编码末端增加编码位来标识刀片上各种各样的卷屑槽样式。图 3-20 所示为几种不同的卷屑槽形状。

（10）刀片等级 通常可转位刀片对刀具材料硬度要求非常高时要牺牲材料刚度，而较高的材料刚度要求则要牺牲材料硬度。刀片材料的这些性能就构成了可转位刀片的级别，刀片的级别要适合刀片的应用。工件材料、加工类型（精加工、半精加工或粗加工）及加工条件（热处理、刚度、切削连续性、排屑方式、切削液使用等）都会影响刀片级别的选择。图 3-21 所示为各种工件材料类型的标准 ISO 标识代码。对每类 ISO 工件材料，从韧性非常好的（较软的）到耐磨性非常高的（较硬的）均做出了很多级别。韧性好的材料具有较好的抗冲击性。与脆性材料相比，耐磨级别材料寿命更长，更耐用。必须注意，大多数硬质合金制造商都有自己专用的材料标识方法，通常最好的做法是参考一下每种牌号对应的应用条目。

2. 外圆车削可转位硬质合金刀具的刀体

对应每一种可转位刀片都有适合的刀体。图 3-22 所示为用来标识刀体各种参数配置的标准化系统。

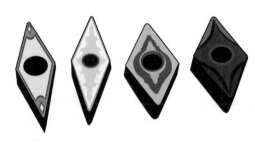

图 3-20 观察这些可转位刀片上的不同卷屑槽形状

耐高温合金 S

淬火钢 H

铝合金 N

不锈钢 M

铸铁 K

钢 P

图 3-21 当选择可转位硬质合金刀片材料的级别时通常参考工件材料类型的标准 ISO 标识代码

（1）刀片安装 图 3-22 中第一位标识代码表示可转位刀片的安装方法。刀片的安装方法包括用螺钉安装、用凸轮安装、用压板安装和用楔块安装。图 3-23 所示为一些常用的刀片紧固方法。

（2）刀片形状 图 3-22 中的第二位代码表示刀片的形状。用于刀体的刀片形状标识与刀片标识系统使用的是同样的字母。

（3）刀体样式 图 3-22 中第三位代码表示刀体样式。该代码指出刀柄是直柄的还是曲柄的。刀片安装到刀体上形成的端面和侧向切削角也在这里标出。

（4）刀片后角 图 3-22 中第四位代码表示刀体能够支持的刀片后角。刀片和刀体必须具有兼容的角度，否则刀片无法正确地安装到刀体的刀座槽上。

（5）刀具的偏向性 如本章前面所述，右手车刀自右向左切削，左手车刀自左向右切削，而中性车刀向两个方向都能切削。

（6）刀座槽的样式 图 3-22 中的第六个代码指出有关刀片安装部位——刀座槽的信息。刀座槽为刀片提供支承并保证刀片在刀体上的正确定位。如果刀体不具备刀座槽，固定刀具的螺钉或压板在切削过程中将承受极大的切削力，会使刀片滑出原来的位置或使刀片连接螺钉折断。有些刀座槽只有一个侧面，只给刀片提供一个方向的支承。有些刀体是完整的凹槽，具有两个以上侧面，可提供更大的支承，以保证刀片更可靠的定位。

（7）刀柄尺寸 图 3-22 中第七位代码表示刀柄。刀柄可以是正方形的或矩形的。正方形刀柄的这个代码位数值表示正方形边长为 1/16in 的倍数。矩形刀柄的这个代码位用两个数表示，第一个数表示矩形宽度为 1/8in 的倍数，第二个数表示矩形高度为 1/4in 的倍数。

（8）刀片尺寸 图 3-22 中的第八位表示刀体将安装的刀片尺寸代号。这个尺寸代号数值表示刀片内切圆直径为 1/8in 的倍数。

（9）刀体尺寸 图 3-22 中的第九位代码表示刀体的尺寸。刀体的总长加上刀片伸出的长度称为端距。刀体和刀片都是按照一致的正确尺寸制造的。这样可防止刀片转位或更换刀片或刀体时机床设置发生改变，同时可避免调整刀具。

（10）制造商选项 标识系统中的第十位是留给制造商对其产品的某个特点进行专门标识的可选码位。

3. 可转位硬质合金内孔车刀刀体

可转位内孔车刀刀体的标识系统与可转位外圆车刀刀体的十分相似。图 3-24 所示为可转位内孔车刀刀体的标准化标识系统。图 3-25 所示为可转位内孔车刀刀片的三种常见安装方法。

3.4.3 端面车削

由于用于车削的棒料一般是按照粗略的长度锯断的，因此端面车削通常作为车削加工的第一种操作用来修整锯切端面。端面车削时，工件一般装夹在夹盘或夹头上。由于端面车削时刀具自工件外侧向中心方向进给，因此左手车刀更适用于端面车削（见图 3-26）。刀具安装后，需要调整刀尖使之处于正确的高度。对于所有的车削操作，刀尖必须与工件的中心线或轴线

外部刀架识别系统

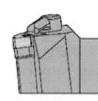

M	W	L	N	R		- 16	- 3	C	-	
1	2	3	4	5	6	7	8	9	10	

1. 夹紧方式

C=压板式夹紧
　(PC刀夹)
D=钩销式夹紧
M=复合压紧式
　(销钉和压板夹紧)
　(M型刀体)
P=杠杆偏心式夹紧
　(NL/PL刀夹)
S=压孔式夹紧
T*=楔块式夹紧
　(T夹紧刀夹)

2. 刀片形状

C=80°菱形
D=55°菱形
R=圆形(英制)
S=方形
T=三角形
V=35°菱形
W=凸三边形

3. 刀体样式

A=具有90°主偏角的直杆刀柄

B=具有75°主偏角的直杆刀柄

C=具有90°主偏角的直杆刀柄

D=具有45°主偏角的直杆刀柄

E=具有60°主偏角的直杆刀柄

F=具有90°主偏角的偏置刀柄

G=具有90°主偏角的偏置刀柄

J=具有93°主偏角的偏置刀柄

K=具有75°主偏角的偏置刀柄

L=具有95°主偏角的偏置刀柄

M=具有50°主偏角的直杆刀柄

O*=使用圆盘刀片居中固定的
　偏置刀柄

P=具有62.5°主偏角的偏置刀柄

Q=具有107.5°主偏角的偏置刀柄

R=具有75°主偏角的偏置刀柄

S=具有45°主偏角的偏置刀柄

T*=具有60°主偏角的偏置刀柄

V=具有72.5°主偏角的直杆刀柄

W=具有80°主偏角的偏置刀柄

4. 刀片主后角

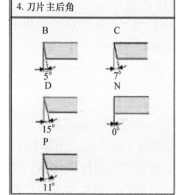

5. 刀具的偏手性

L=左
N=中
R=右

8. 刀片内切圆尺寸

　以1/8in为单位的刀片内切圆直径数值。

6. 刀座槽样式

　S=单一侧面定位刀座。
　当该字符位为空时表示完全定位刀座。

9. 测量基准面和长度

A=基准为背面和端面。长4″
B=基准为背面和端面。长4.5″
C=基准为背面和端面。长5″
D=基准为背面和端面。长6″
E=基准为背面和端面。长7″
F=基准为背面和端面。长8″
J=基准为背面和端面。长3.5″
M=基准为前面和端面。长4″
N=基准为前面和端面。长4.5″
P=基准为前面和端面。长5″
R=基准为前面和端面。长6″
S=基准为前面和端面。长7″
T=基准为前面和端面。长8″

7. 刀柄尺寸

　对于正方形刀柄，数值表示宽和高度的1/16。对于矩形刀柄，第一位数值为宽度的1/8；第二位数值表示高度的1/4。

10. 刀具制造商选项

图 3-22　可转位外圆车刀刀体的标准化标识系统

刀体标识系统 (外圆车削)

D型外圆刀体
- 适合于所有常规外圆车削的首选方法
- 适用于带孔的负型刀片安装
- 夹紧牢固、稳定

M型外圆刀体
- 适合于NC/CNC机床的复合夹紧设计
- 使用工业标准NL夹紧机制实现刀片夹紧力最大化
- 可选两种不同夹紧结构:
  1. 对于负型刀片使用孔夹紧
  2. 对于通常的精密磨削无孔刀片使用断屑板

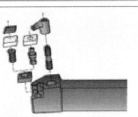

S型外圆刀体(C-Lock)
- 符合ISO—ANSI标准采用Tors Plus* 螺钉的标准刀柄
- 刀柄尺寸范围为3/8～$1\frac{1}{2}''$
- 适于带7°主后角、具有高级排屑槽的刀片
  Tors Plus*是Textron公司CamCar分部的注册商标

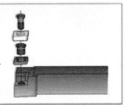

P型外圆正型刀体(PL)
- 正前角带偏心轴销钉夹紧
- 刀片安装和转位简单
- 适于带有断屑槽的正前角刀片

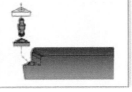

C型外圆刀体(PC)
- 带正型压紧的限定刀柄
- 专用于精密、实用性磨削的具有正前角的刀片和断屑器
- 对于采用正前角加工高温合金、铝及软钢和低功率切削的场合是理想之选

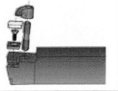

T型外圆刀体(T-Lock)
- 特别适用于高温合金的轮廓加工
- 切屑排出方向不受限制
- 刀片装夹位置调整简单,可获得0°主偏角
- 防松机制简单
- 不需要备件

C型刀体
- 主要用于山高公司的聚晶立方氮化硼(Seco PCBN)无孔刀片

刀片通过压板夹紧,在新的设计中压板上增设了一块硬质合金板

图 3-23 可转位外圆车刀刀片的几种不同安装方法

国际刀柄标识系统

S	16		-M	W	L	N	R	-3
1	2	3	4	5	6	7	8	9

1. 刀杆类型

S＝钢质刀杆
A＝带内冷的
　钢质刀杆
C＝硬质合金刀杆
E＝带内冷的
　硬质合金刀杆
H＝重金属刀杆
J＝带内冷的
　重金属刀杆

2. 刀柄直径(in)

代表刀柄直径，用1/16in的倍数表示对于阶梯形刀柄，优先表示最小刀柄直径

3. 刀杆长度(in)

F＝3″
G＝3.5″
H＝4″
J＝3.5″
K＝5″
L＝5.5″
M＝6″
N＝6.5″
P＝6.75″
Q＝7″
R＝8″
S＝10″
T＝12″
U＝14″
V＝16″
W＝18″
Y＝20″
X＝特殊长度

4. 刀片固定方法

C＝上压式夹紧
　（PC刀夹）
M＝复合方式夹紧
　（销钉和压板夹紧）
　（M型刀夹）
P＝杠杆式夹紧
　（NL/PL刀夹）
S＝螺钉夹紧

5. 刀片形状

C＝80°菱形
D＝55°菱形
R＝圆形（英制）
S＝方形
T＝三角形
V＝35°菱形
W＝凸三边形

6. 刀杆样式

U＝具有93°主偏角的偏置刀柄
F＝具有90°主偏角的偏置刀柄
G＝端刃或侧刃切削偏置刀柄
　（圆形可换刀片）
K＝具有75°主偏角的偏置刀柄
L＝具有95°主偏角的偏置刀柄
Q＝具有107.5°主偏角的偏置刀柄
P＝具有27°30′主偏角的偏置刀柄

7. 刀片主后角

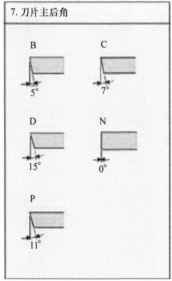

B　　　　　C

5°　　　　7°

D　　　　　N

15°　　　　0°

P

11°

8. 刀柄的偏手性

R＝右
L＝左

9. 刀片内切圆尺寸

以1/8in为单位的刀片内切圆直径数值

图 3-24　可转位内孔车刀刀体的标准化标识系统

刀体标识系统 内圆车削

M内圆刀杆
- 双重销钉夹紧，适用于带负前角的刀片
- 对于非磨削的、负前角刀片或带有断屑盘的
  精密磨削刀片是理想的夹紧方式
- 可增设带切削液通道

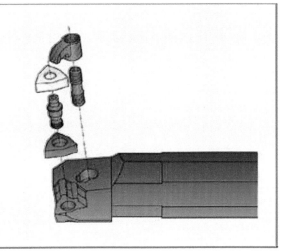

S内圆车刀杆(中心夹紧)
- 可车削小至0.18in的内圆
- 提供钢或硬质合金刀柄，尺寸为
  3/16～1in
- 符合ISO－ANSI的设计

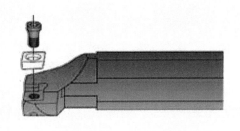

C内圆车刀杆(PCBN刀片)
- 刀片采用上压式夹紧
- 对于粗加工，压板上增加了一个硬质合金垫
  板以减少夹紧磨损，并将夹紧力分散到整个
  刀片表面

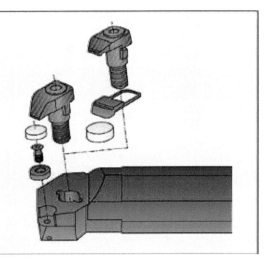

图 3-25　可转位内孔车刀刀片的三种不同安装方法

图 3-26 多数端面车削是使用左手车刀自工件外侧向中心方向完成切削

位于同一高度。可用安装好的车床顶尖作为参考来调整刀具的高度，如图3-27所示。当刀具的高度调整好后，按图3-28所示转动刀体或刀架来调整刀具的方向，以确保切削安全，即当切削力使刀体发生移动的时候，刀具会远离工件而不是切入工件。刀具的这个方向还产生正的余偏角使切削更顺利。避免刀具伸出过长以保证刀具装夹有足够的刚性，消除切削中的振动（见图3-29）。计算设定恰当的主轴转速和进给速率，将进给切换手柄置于横向进给位置，设置进给方向控制手柄使横向进给自工件外侧向中心方向运动。将刀尖置于距离工件端部不超过大约1/16in的位置。起动主轴，使用溜板箱上的手轮或小滑板的手轮缓慢地移动刀尖使之移向并接触旋转的工件。这个过程称为试刀（见图3-30）。

试刀完成后，避开工件退回中滑板。然后向主轴箱方向移动床鞍来设置刀具的背吃刀量。可以用溜板箱上的手轮或小滑板来设置刀具的背吃刀量。如果溜板箱上的手轮没有指示刻度，可以使用千分定位器或长行程千分表来测量床鞍移动的距离。有些车床上配备电子数显器来显示床鞍移动的距离值。图3-31示出了这些方法。将床鞍锁定到导轨上以保证刀具在横向进行直线切削。如果不锁定，则端面车削时床鞍可能移动，

会造成端面不平整。最后使用中滑板使刀具在工件端面横向进给完成端面车削。也可通过闭合离合器使用自动进给来完成端面车削。图3-32所示为端面车削。

a）

b）

图 3-27 a）使用尾座顶尖设置刀尖高度。b）旋转刀架使刀具处于合适的方向便于端面车削

要在刀具穿过工件中心之前使刀具停下来。使刀具穿过工件中心运行会导致刀具过度磨损甚至可能折损刀尖。如果在工件中心留下一个小凸台，说明刀尖位置或高出或低于工件中心，这一点可以从小凸台的形状来判断，如图3-33所示。如果有必要就要调整刀尖的高度。重复上述过程，直至工件端面达到平整或得到需要的工件长度。

3.4.4 外圆车削

外圆车削用于形成圆柱面、圆锥面或

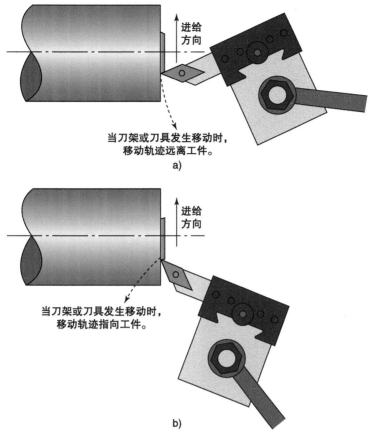

图 3-28　端面车削时，刀具的首选方位应保证当切削阻力使刀具移动时刀具将远离工件（见图 a）而不是顶入工件（见图 b）

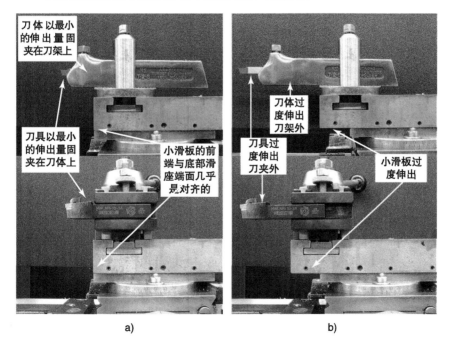

图 3-29　a）刀具安装悬伸量要短，装夹刚性要好。b）刀具、刀体或小滑板伸出过多会导致切削中产生振动

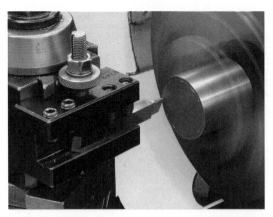

图 3-30　试刀时缓慢移动刀具，避免刀具突然撞上工件引起断裂

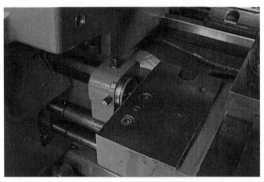

a）

b）

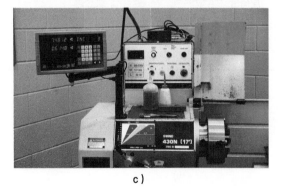

c）

图 3-31　三种正确监控床鞍移动的方法：a) 使用千分定位器。b) 使用行程千分表。c) 使用电子数显器

成形回转面（球面、圆角或其他非标准形状）。圆柱面加工是车床上最普通的加工操作。车削圆柱面时，工件可以用卡盘、夹头、两顶尖或心轴装夹。对于较长的工件，还可能用到跟刀架或固定支架来辅助支承工件。和车削端面时一样，当车削圆柱面时，车刀必须总是设置在中心高度上。多数外圆车削使用右手车刀从尾座向主轴箱方向车削；要从主轴箱向尾座方向车削，则使用左手车刀（见图 3-34）。

使用适当的方法将工件装夹在主轴上。保持良好的操作习惯，为操作安全起见，与端面车削一样，在粗加工前调整刀具方位以防当切削阻力将刀具推开时使之远离工件（见图 3-35）。尽量保持刀具悬伸长度小，装夹刚性好，确保刀尖高度与中心线平齐。然后使刀尖接近工件外圆，将床鞍向主轴箱方向移动到达最远的切削位置。手动旋转主轴来检验刀夹和小滑板及工件夹紧装置之间的空隙以确保切削期间不发生碰撞。在切削开始点处重复此过程，尤其是当工件装夹在一个顶尖或固定支架上的时候（见图 3-36）。

根据被加工材料计算给出合适的主轴转速和进给速率，使用进给切换手柄使车刀取得正确的纵向进给方向。将刀尖置于接近切削开始的位置，起动主轴，用中滑板使刀具接触工件外圆表面（见图 3-37）。使用溜板箱手轮移动刀具避开工件。使用中滑板将刀具向前移动到指定的背吃刀量。合上离合器开启纵向进给。使中滑板停在正确位置得到所需的切削长度。可以使用千分定位器、行程千分表或电子数显器来控制切削长度。图 3-38 所示为在车床上进行圆柱面切削操作。重复纵向进给，直至获得所需要的直径尺寸。每次重复进给之后测量一下工件直径以跟踪工件直径变化。粗车直径在 1/32in 以下的工件时常见的做法是采取大背吃刀量、低转速和大进给率。由于粗车精度要求不高，粗车期间可使用

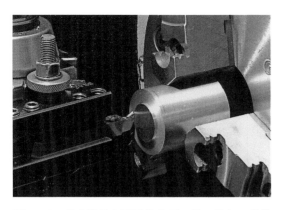

图 3-32　将床鞍锁定到导轨上后，使刀具向工件横向进给进行端面车削

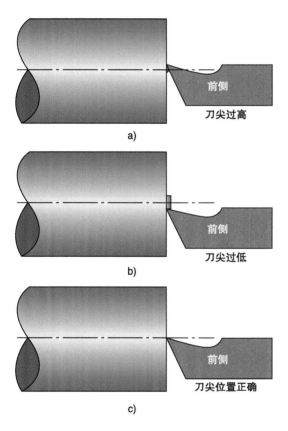

图 3-33　a）锥形凸台说明刀尖高于工件中心。b）柱形凸台说明刀尖低于工件中心。c）没有留下凸台表明刀尖恰好在工件中心

弹簧卡钳测量直径。最后采用较高的转速、较低的进给速率进行精车来得到需要的直径尺寸。精车阶段使用适当的测量工具（如千分尺）来测量工件。

多数情况下，希望切削产生的切屑断裂成小碎片并以淋浴喷头的形式洒落到容屑盘上。余偏角、背吃刀量、刀尖半径、进给速率和刀具卷屑槽必须协调发挥作用才能使这种情况发生。对以适当方式形成的切屑施加作用力迫使其折向工件或刀具体等紧固物体，脆性的切屑就会折断成易于清理的小碎片。切削过程中刀具余偏角起到使切屑卷曲的作用，如图 3-39 所示。

图 3-40 比较了在背吃刀量和进给速率相同的情况下两个不同刀尖半径形成的切屑形式。为使切屑适当断裂，背吃刀量应当不小于刀尖半径的 2/3。例如，根据这样的法则，一个刀尖半径为 1/32in 的刀具就不应采取小于 0.021in 的背吃刀量。而且遵循这一法则通常还能得到较好的表面纹理形式。图 3-41 所示为由三种不同背吃刀量产生的切屑形式。

随着进给速率的提高，切屑变得越来越厚。切屑厚度增加，切屑更易于折断而不形成连续的长条。

注意

务必要在主轴关闭后待其自然彻底停止旋转后方可对工件进行测量。

3.4.5　轴肩车削

轴肩车削是外圆车削和端面车削的组合，以在两个不同直径相遇处形成台阶。三种常见的轴肩类型是直角轴肩、圆角轴肩和斜角轴肩（见图 3-42）。为车削轴肩，首先要将车刀置于外圆车削中建议的位置粗车直径较小的外圆和轴肩长度。注意，要为精车轴肩预留足够的材料余量以获得所需的轴肩形状。

1. 直角轴肩车削

为完成直角轴肩车削，需要改变刀具的位置，使得中滑板横向进给时只有刀尖和轴肩接触（见图 3-43）。使刀具轻

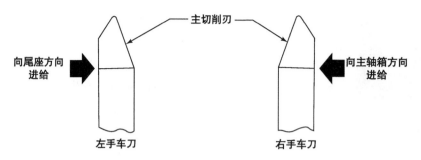

图 3-34 左手车刀用于向尾座方向车削,而右手车刀用于向主轴箱方向车削

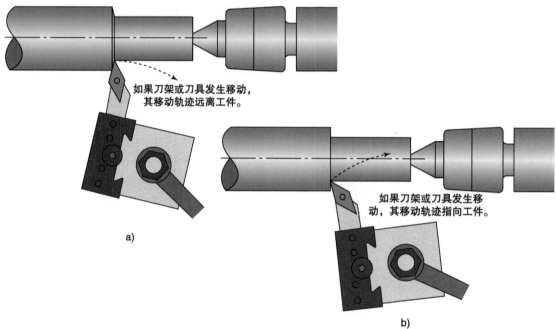

图 3-35 车削外圆时,如果车削阻力使刀具发生移动,首选刀具方位将是 a)使刀具远离工件而不是 b)使刀具挤向工件

图 3-36 a)手动旋转主轴的同时移动刀具使之接近 a)切削开始的位置和 b)切削结束的位置来检验刀具和工件夹紧装置是否干涉

图 3-37　在工件外圆上试刀来设置背吃刀量参考点

图 3-38　在车床上进行圆柱面切削操作

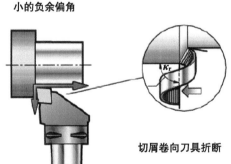

图 3-39　刀具余偏角引导切削期间螺旋形切屑的排屑方向，这样当切屑与刀具或工件接触时发生折断

轻接触已粗车的外圆，调整中滑板刻度盘，对准零位。采取小背吃刀量将轴肩切平，中滑板刻度盘置于零位用来避免切到已加工外圆。将轴肩车至与截止位置相差0.005~0.010in。采用一次进给将外圆车出所需的尺寸，并在外圆车削的终点用手动方式缓慢进给车刀直至最终长度。最后将溜板锁定到导轨上，使用中滑板进给车出轴肩。图 3-44 表示了这一过程。轴肩长度可采用千分定位器、刻度盘或电子数显器来控制。

2. 圆角轴肩车削

精加工圆角轴肩时，要使用刀尖半径等于所需圆角半径的刀具。在粗车轴肩长度时，要确保轴肩处材料余量等于轴肩圆角半径。然后按照与切削直角轴肩相同的步骤完成圆角轴肩加工（见图 3-45）。

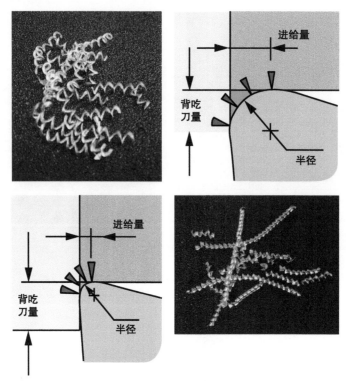

图 3-40 两个不同刀尖半径在采用相同背吃刀量的情况下形成的切屑形式

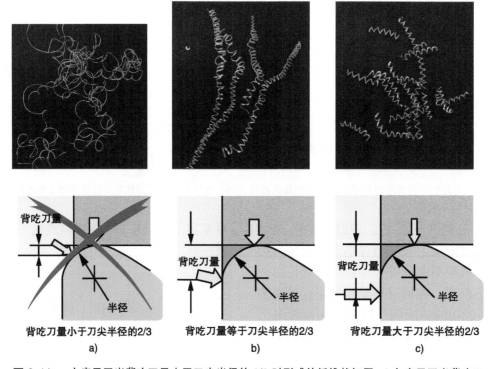

图 3-41 a）表示了当背吃刀量小于刀尖半径的 2/3 时形成的纤维状切屑。b）表示了当背吃刀量等于刀尖半径的 2/3 时切屑的形式。c）表示了当背吃刀量大于刀尖半径的 2/3 时切屑的形式

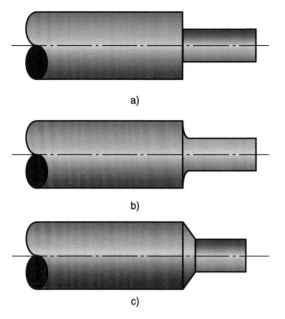

图 3-42 车削两段圆柱面的轴肩过渡形式：a）直角、b）圆角和 c）斜角

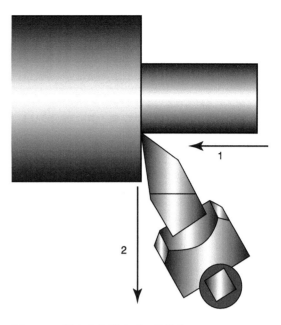

图 3-43 精车直角轴肩时刀具的位置

3. 斜角轴肩车削

可将小滑板转过一个角度来加工斜角轴肩。当粗车准备切削斜角轴肩时，将轴肩长度切至与小端外圆相遇之处。在精车时，完成小端外圆车削，将刀具移至轴肩开始的位置，然后使用小滑板加工斜角轴肩。图 3-46 表示了这种方法。

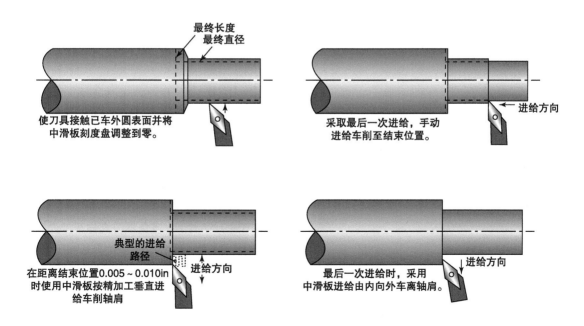

图 3-44 精车直角轴肩的步骤

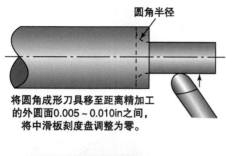

将圆角成形刀具移至距离精加工的外圆面0.005～0.010in之间，将中滑板刻度盘调整为零。

轻轻接触零件外圆(A)，进给至最终位置(B)。

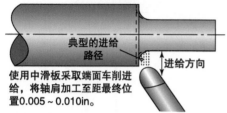

使用中滑板采取端面车削进给，将轴肩加工至距最终位置0.005～0.010in。

使用中滑板向外进给车离轴肩。

图 3-45　精车圆角轴肩的步骤

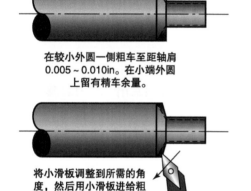

在较小外圆一侧粗车至距轴肩0.005～0.010in。在小端外圆上留有精车余量。

精车外圆

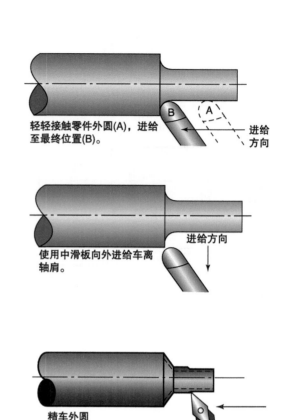

将小滑板调整到所需的角度，然后用小滑板进给粗车斜角轴肩。

在外圆车削末端，手动进给刀具至完整长度。然后用小滑板进给完成斜角轴肩的精车。

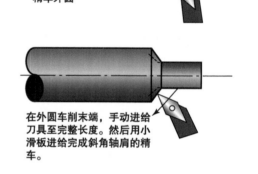

图 3-46　精车斜角轴肩的步骤

3.5　锉削与抛光

在车削的基础上可执行锉削和抛光来去除边角毛刺，产生非常光滑的表面。

> **注意**
>
> 一定要使用带手柄的锉刀。如果使用没有手柄的锉刀，锉刀的锉柄尾舌会对手造成严重伤害。

与所有的机械加工操作一样，端面车削和外圆车削也会在工件边角形成毛刺。通过锉削旋转的工件，这些毛刺很容易去除。锉削时使用与外圆车削相同的主轴转速，但不允许超过任何工件夹紧装置的安全转速。由于不需要溜板或中滑板移动，因此需将进给光杠和丝杠置于空挡。将溜板从锉削操作区域移开。

> **注意**
>
> 如图 3-47 所示，在车床上一定要用左手握住锉刀进行锉削，以避免锉刀延伸至工件夹紧装置。锉削时要躲开夹盘、鸡心夹头和中心架。如果锉刀碰到了任何一个旋转部件，就会脱手飞出或将手卷进机床中，造成严重后果。如果工件用了后顶尖支承，一定要避免让锉刀碰到后顶尖。

图 3-47　在车床上使用左手握住锉刀锉削，以避免锉刀延伸至旋转的工件夹紧装置。一定要使用带有手柄的锉刀

图 3-48　要在锉刀推压工件时在工件边角处转动锉刀来去除工件锐边上的毛刺

要将锉刀握紧，在工件边角上转动锉刀时要均匀用力来去除锐边上的毛刺（见图 3-48）。

砂纸或砂布可用来对工件进行抛光以去除小量的材料，得到非常光滑的表面。砂纸（或砂布）的粒度数值越小，表明磨料颗粒越粗大，材料磨削速度越快，而较高的粒度数值表示磨料越细，磨削速度越慢，但产生的表面越光滑。抛光操作采用与外圆车削相同的主轴转速，但同样不允许超过任何工件夹紧装置标识的安全速度。抛光时应使溜板远离抛光操作区域并将光杠和丝杠置于空挡。

a)

b)

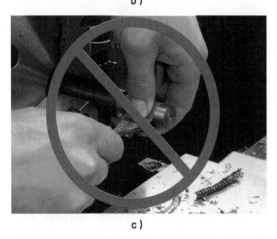

c)

图 3-49 用拇指和食指抓住砂布（或砂纸）条，保持手指和手离开旋转着的工件（见图 a）。绝不允许将砂布或砂纸缠在手指上（见图 b）或完全包围工件（见图 c）

使用砂纸（或砂布）条进行抛光，切忌不允许留有任何多余的部分，以免被卷进旋转的工件上或缠绕在手指上。绝不允许将砂纸或砂布完全缠绕在工件上或手指上，否则砂纸（或砂布）会把手带进旋转的工件。图 3-49 所示为安全抛光操作方法和需避免的不安全情况。

3.6 中心孔钻与定点钻

常常完成端面车削后便要在中心钻孔。使用中心孔钻或定点钻主要有两个原因：一是为车床顶尖加工 60° 的支承面；二是为防止麻花钻开始钻孔时钻头跑偏。

3.6.1 中心孔钻

中心孔钻（组合钻和沉头钻）通常采用钻夹头安装在车床尾座上。尾座带着中心钻接近工件来定位。然后尾座被锁定在导轨上，中心钻通过尾座手轮进行进给。中心钻上的导向部分非常脆弱，因此钻孔时要使用充足的切削液、较小的进给量和啄式（频繁退回）钻削来去除孔中的切屑以防止其断裂。图 3-50 所示为在车床上钻中心孔和将工件安装在车床顶尖上所需合适深度的中心孔。

3.6.2 定点钻

定点钻也可用来为麻花钻钻出定钻孔。定点钻的形状很像一个麻花钻，只是其导屑槽非常短。由于这些钻头设计坚固因而非常稳定，相比中心钻能够承受更大的进给速率。定点钻的切削部分顶角通常采用 90° 或 118°。由于定点钻不具备小导向尖，因此它可以加工大直径且较浅的孔。

定点钻通常也用钻夹头安装在车床尾座上并使用刀架手轮进给。图 3-51 所示为几种定点钻。

a）

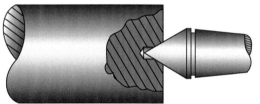

深度合适的中心孔

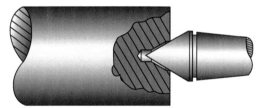

中心孔过深

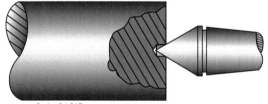

中心孔过浅

b）

图 3-50 a）使用安装在尾座上的钻头在安装在三爪卡盘上的工件上钻中心孔。b）将工件安装在车床顶尖上，工件上中心孔的深度尺寸很重要

注意

定点钻没有刀体间隙，因此定点钻切入工件不允许超过切削前缘的深度，否则会因过热而造成工件或刀具的损坏。

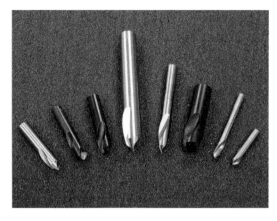

图 3-51 定点钻具有不同的尺寸和切削部分顶角。请注意，刀体没有刃带或刀体间隙。这些定点钻比中心孔钻更结实，可承受较大的进给速率

3.7 车床上的孔加工

在车床上完成孔加工是很有必要的。车床上有几种不同的孔加工方法，这些方法的选择取决于孔的尺寸、表面粗糙度和尺寸精度。

3.7.1 钻孔

在车床上钻孔和在钻床上钻孔非常相似，只不过在车床上是工件旋转而不是钻头旋转。直柄钻头通过钻夹头安装在尾座上，而锥柄钻头是直接安装在尾座上。可以使用套筒和座套来实现不同锥度尺寸与尾座锥孔的适配。如果加工孔径大于1/2in，首先使用导向钻作出预钻孔会大大减小钻孔过程中的进给阻力。要选用直径略大于孔加工钻头钻芯宽度的导向钻。

计算确定一个适当的主轴转速。计算时使用钻头直径。选择所需钻头把它安装到尾座上，并使钻头定位到孔加工开始的位置。在钻头刀头部分和排屑槽处使用适当的切削液。刀头处的切削液会对切削刃起润滑作用同时冷却切削区域。排屑槽内的切削液有助于排除切屑。使用尾座手轮以适当的进给速度手动（由于很少有车床提供尾座机动进给）使钻头前进。如果钻头发出高频率的尖叫声或形成细长卷曲的切屑，就要提高进

给速率。如果切屑呈紫色或蓝色，主轴转动吃力，那么进给速率就要降下来。频繁地撤回钻头来清除孔内切屑并保持让切削液冲到钻头。使用位于尾座套筒上和尾座手轮上的刻度盘来控制钻孔深度。图 3-52 所示为在车床上进行钻孔操作。

图 3-52 使用莫氏锥柄钻直接安装在车床尾座上进行钻孔操作

注意

主轴转速或钻头进给速度选择不当或切削液不充足将导致钻头切削刃过热而自"焊"到工件上。这种情形会造成钻头崩刃并飞出伤人。

3.7.2 铰孔

在车床上铰孔是在钻削后的孔上轻微扩孔来获得精确尺寸和所需表面粗糙度值的一种孔加工操作。铰孔前的钻孔尺寸取决于孔的加工要求。进行钻孔或为铰孔做准备时应遵循以下规则：

• 铰削直径在 1/4in 及以下的孔，取钻孔直径比孔径小 0.010in。

• 铰削直径介于 1/4 ~ 1/2in 的孔，取钻孔直径比孔径小 0.015in。

• 铰削直径介于 1/2 ~ 1in 的孔，取钻孔直径比孔径小 0.020in。

• 铰削直径超过 1in 的孔，取钻孔直径比孔径小 0.030in。

铰刀也有直柄和莫氏锥柄的，采用与麻花钻一样的方法安装在尾座上。安装好后，让铰刀靠近工件，施加充足的切削液。

采用一半于同样大小的孔钻孔所用的主轴转速和双倍的进给速率将铰刀切入工件。记住，要使铰刀保持这一恒定的进给速率以使每个切削刃都参与切削，从而获得一致的表面粗糙度。和钻孔一样，要使用尾座套筒上和手轮上的刻度盘来控制铰孔深度。图 3-53 所示为在车床上进行铰孔操作。

图 3-53 采用通过钻夹头安装在尾座上的直柄铰刀进行铰孔操作

3.7.3 加工沉头孔和埋头孔

采用与钻孔和铰孔同样的方法在车床上利用尾座加工沉头孔和埋头孔。

3.7.4 镗孔

镗孔是采用单刃刀具对已有孔进行扩孔的加工操作。镗孔用于加工内圆表面，其方式与外圆车削十分相似。用于镗孔的刀具称为镗杆。镗杆可以是用一整块高速钢或硬质合金材料制成的整体式，也可以是用一个钢制刀杆装夹硬质合金刀头的组装式。类似于外圆车削和端面车削所用的可转位车刀，也有采用硬质合金可转位刀片的镗杆。镗孔刀具也分为左手刀和右手刀。图 3-54 说明了镗孔原理，图 3-55 示出了几种类型的镗杆。与其他孔加工方法相比，镗孔的一个优点是可以加工任意尺寸的孔。镗孔也用于加工那些超出钻孔和铰刀直径范围的大直径孔。不像铰孔，镗孔不需要跟随已有孔的路径，因此镗孔可用于校正偏心孔或加工偏心孔。

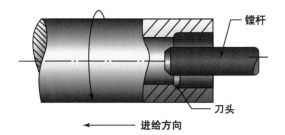

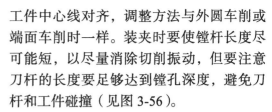

图 3-54　与加工外圆表面十分相似，镗孔使用单刃刀具加工内圆表面

为进行镗孔操作，工件需要安装在卡盘或夹头上。当镗孔工件较长时，也可使用中心架来提供额外支承。为避免振动，在满足能够安全插入现有孔的前提下应当选择尽可能大的镗杆直径。将镗杆平行于导轨装夹到刀架上并调整刀尖使之高度与工件中心线对齐，调整方法与外圆车削或端面车削时一样。装夹时要使镗杆长度尽可能短，以尽量消除切削振动，但要注意刀杆的长度要足够达到镗孔深度，避免刀杆和工件碰撞（见图 3-56）。

计算设定合适的主轴转速和进给速率，将车床设置为正确的纵向进给方向。由于镗孔刀具装夹刚性相比外圆车削差，主轴转速可适当降低以消除切削中的振动。起动主轴，小心地将镗杆移到现有孔内。使用中滑板使镗刀轻轻接触内圆表面，然后移动溜板远离主轴箱将镗杆从孔中撤出（见图 3-57）。

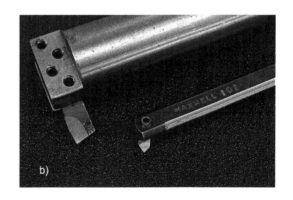

图 3-55　a）用于小孔加工的镗杆通常采用整体由高速钢、硬质合金或钎焊硬质合金制成的一体式镗刀。b）用于安装高速钢或硬质合金刀头的镗杆。c）一些可转位硬质合金镗杆

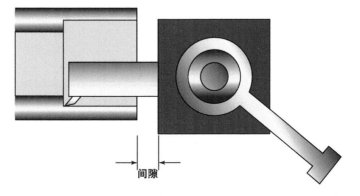

图 3-56　镗杆安装要尽可能短以尽量减小振动，但切记镗杆要有足够的长度以避免刀杆和工件碰撞

图 3-57　使镗刀在现有孔中与内圆表面轻轻接触

与外圆车削一样，镗孔长度可通过安

装一个千分表挡块或使用行程指示表或电子数显器来监控。切削深度通过移动中滑板来设定。闭合机动进给离合器，执行机动进给镗孔。

3.7.5　加工内轴肩

内轴肩可以采用与外轴肩相似的方法加工。粗加工阶段要在轴肩和孔表面上预留用于精加工的材料余量。执行精加工，将刀具进给至轴肩最终深度位置。然后使用中滑板采用端面车方式加工内轴肩，其操作方法如图 3-58 所示。

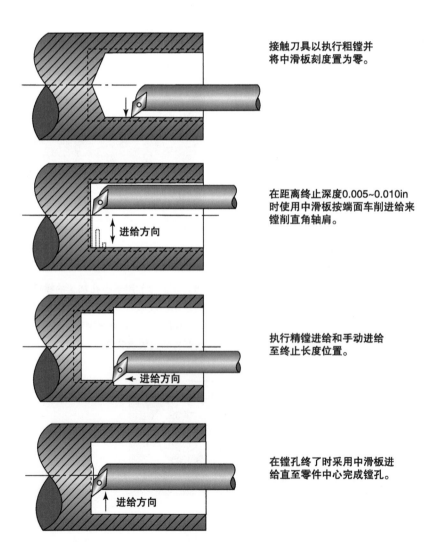

接触刀具以执行粗镗并将中滑板刻度置为零。

在距离终止深度0.005~0.010in时使用中滑板按端面车削进给来镗削直角轴肩。

执行精镗进给和手动进给至终止长度位置。

在镗孔终了时采用中滑板进给直至零件中心完成镗孔。

图 3-58　使用镗杆加工内孔直角轴肩的操作方法

当执行镗孔操作时，由于刀具位于孔内常常看不见，因此操作时需要倍加小心。镗刀与不通孔底部发生碰撞会导致工件、刀具及机床损坏，并由于折断的刀具或工件残片可能突然飞离车床而引发极度危险的情况和造成严重伤害。

3.8　使用丝锥和板牙加工螺纹

在车床上用丝锥加工螺纹，首先要用适当尺寸的螺孔钻进行钻孔。使用埋头孔钻将孔进行倒角不失为一个好习惯。将一个弹簧丝锥顶尖安装到尾座里的钻夹头中顶住丝锥来保持丝锥与孔的同轴度，也可以使用固定顶尖来保持丝锥与孔对齐。丝锥可通过两种不同的方法进给：一种是将主轴转速调至非常低致使其不发生转动，然后用丝锥铰杠手动转动丝锥；另一种方法是将主轴置于空挡，夹住丝锥使之静止不动，手动旋转主轴（见图 3-59 ）。可以将丝锥铰杠的手柄顶靠在小滑板上防止其转动。

图 3-59　在车床上使用尾座使丝锥与孔同轴来完成攻螺纹操作

在车床上可使用板牙加工外螺纹，其方法与用丝锥加工内螺纹相似。将主轴置于空挡，将装在板牙套中的板牙对着工件端部放置。将尾座套筒中的刀具取出并轻轻移动使套筒端面对着板牙套来保持板牙端正。另一种板牙调整方法是使用安装在尾座上的钻夹头，放开夹爪使夹爪不能伸出卡盘体，将卡盘体的端面轻轻移动使之面向板牙套上。板牙上使用充足的切削液，手动旋转主轴同时夹住板牙套使之静止不动来加工螺纹。可将板牙套的手柄倚靠在小滑板上防止转动。图 3-60 所示为在车床上用板牙加工螺纹的过程。

图 3-60　在车床上使用板牙加工外螺纹。安装在尾座上的钻夹头端面或尾座套筒可用来帮助板牙保持与车床轴线垂直

当使用这些方法加工螺纹时不要试图使主轴机动旋转。这样丝锥或板牙会脱开并抛出，导致严重危害。

3.9　成形加工

成形加工用来在普通车床上加工成形表面（即轮廓线为一般曲线的表面）。在成形加工中，刀具包含与被加工零件轮廓相反的切削刃形状。刀具切向工件时，在工件表面形成所需的轮廓线形状。成形车刀的形状千差万别，通常是由高速钢或硬质合金刀头定制磨削制造的。图 3-61 所示为一些成形车刀和一些用成形车刀加工的成形表面。由于成形加工中刀具与工件接触面较大，因此通常需要将主轴转速降得很低来消除切削中的振动。

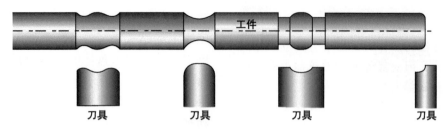

图 3-61　成形车刀可用于加工成形表面

3.10　切槽和切断

车床经常执行切槽操作，以便在工件上切出槽或凹环。工件上的槽可用于安装 O 形环或环形插，用作螺纹加工的退刀槽或为配对零件提供轴肩拐角间隙。槽的轮廓或为直线或为一般曲线形状，后者需要特殊轮廓形状的刀具，类似成形车削来获得。图 3-62 所示为在车床上可加工的某些环槽形状。

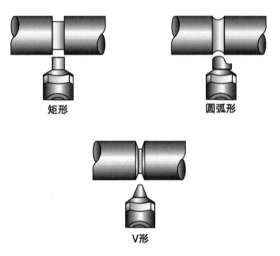

图 3-62　一些在车床上切削的普通环槽形状

切断（或截切）操作也是车床上十分普遍的一种切削操作，即使用非常特殊的扁平刀具将工件截断来得到所需长度。这一操作常常称为截切。进行切槽和切断操作时工件可以安装在卡盘上或夹头中。

注意

绝不允许对装夹在两顶尖之间的工件执行切削操作（见图 3-63）。

图 3-63　不允许对装夹在两顶尖之间的零件执行切断操作，否则会造成设备或人身伤害

有时可使用同一把刀具完成标准的切槽和切断操作。也有很多形状尺寸不同的特殊开槽刀具，包括矩形（90°）、劣弧形、半圆弧形及专门定制的形状。切断刀具还有切削面向左倾斜和向右倾斜的，以尽可能减少截断后工件上残留的材料。切槽刀具和切断刀具也都有高速钢和可转位硬质合金类型。图 3-64 所示为某些切槽刀具和切断刀具。

由于在切槽和切断过程中刀具宽度窄，刀具与工件接触多，操作中一定要十分谨慎。切槽和切断操作对刀具装夹刚度要求非常高。要确保刀尖与工件中心高度对齐，同时使刀具伸出长度尽可能短来最大限度地减小切削过程中的振动。一定要使刀具与车床导轨成 90° 以防止刀具两侧与切槽表面摩擦而产生过多热量（见图 3-65）。

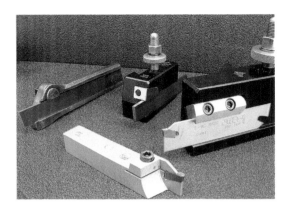

图 3-64　以高速钢和可转位硬质合金形式的多种切槽刀具和切断刀具实例

图 3-65　执行切槽和切断操作时一定要使刀具与导轨保持 90° 角

　　当执行切槽或切断操作时，要将溜板锁定到导轨上以防止溜板意外移动。主轴转速调至相当于外圆切削时的 1/4~1/3。如果切削时有振动，主轴转速还要降低。切削液要充足，使用中滑板连续进给至所需深度或直至零件完全断开。图 3-66 所示为切槽操作。

　　内部环槽可用镗杆进行切削。镗杆装夹方式与外部切槽操作相似。将刀具放置于孔内指定的位置，然后直接向工件进给，加工过程与外部切槽相似（见图 3-67）。在内部切槽时要格外谨慎，因为与镗孔情形一样，切削刀具看不见的。在切内槽期间，可能需要刀具频繁地从孔中退出来排屑，防止刀具发生烧结。

　　不管是切外槽还是切内槽时，都会遇到切槽宽度大于刀具宽度的情形，这里可采取步进切削法，如图 3-68 所示。

图 3-66　用高速钢刀具切削外环槽。切屑会在刀具上表面卷成圆形

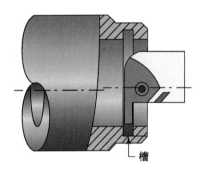

图 3-67　特殊设计的镗杆可切削内部环槽

　　由于切槽和切断操作中刀具与工件接触面积较大，因此会产生大量的热而导致工件发生膨胀。为防止切削过程中由于工件膨胀而使刀具侧刃受挤压，切削时需要持续地添加大用量的切削液。

注意

　　不遵守这些注意事项会导致刀具发生烧结、崩刃和刀具碎片飞离车床的后果，引起严重损伤。切断时，要使工件自由分离。不要试图用手抓住工件。当切削深槽或切断大直径工件时，通过在切削一定的深度后进行扩槽来给工件提供更多的空间，这样能够大大地降低刀具发生烧结的可能性（见图 3-69）。

首先在槽宽的中间处进刀切到所需槽的深度

1

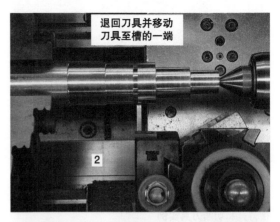

退回刀具并移动刀具至槽的一端

2

再次切入到所需槽深

3

退回刀具，将刀具移向槽的另一端，再次切到指定的深度完成整个槽宽切削

4

图 3-68 当切槽宽度大于刀具宽度时，可使用这些步骤，对外部槽和内部槽均适用

工件被切掉的部分

槽的宽度大于刀宽以提供切削空间

最后一刀的切断宽度等于刀具宽度

切断刀

图 3-69 深槽切削或大直径切断的加工方法。将槽切至某一深度，然后将槽扩宽，最后切至所需深度

3.11 滚花

滚花是在工作圆周面上形成凸起图案的加工操作。滚花是将带有两个轮子的刀具（称为滚花刀）对着旋转的工件挤压而完成的。基本的滚花图案有直纹和网状纹，这两种都有粗纹、中粗纹和细纹之分（见图 3-70）。不像在大多数车削操作中材料被切除，滚花刀对材料施加挤压作用而形成凸起的花纹图案。滚花后凸起的图案使工件直径增加。网状的中粗纹滚花会使工件直径增加大约 0.020in。

制作滚花的最一般用途是在手柄、旋钮或杠杆等零件上提供手持表面。由于滚花操作使工件直径增加，有时滚花也用于修复磨损的圆柱零件。例如，可将一个磨损的传动轴经过滚花来增加其直径，再将其加工回所需的尺寸。滚花操作还可用来装饰表面或在衬套表面形成鼠牙使衬套压入孔中后锁定位置（见图 3-71）。

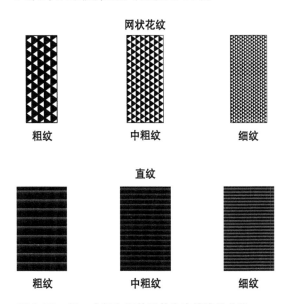

网状花纹

| 粗纹 | 中粗纹 | 细纹 |

直纹

| 粗纹 | 中粗纹 | 细纹 |

图 3-70　粗、中粗和细的网状和直线滚花花纹

图 3-71　滚花在衬套上形成鼠牙使衬套压入孔中后锁定位置

　　滚花刀包含两个具有所需图案的淬火钢制滚轮。滚花刀及其刀柄的样式很多以适于各种应用，但其基本样式不外乎两种：顶压式和握夹式。顶压式滚花刀在滚花过程中是从一侧挤压工件，而握夹式滚花刀将工件夹持在两个滚轮之间以减小工件变形和弯曲。后者尤其适用于细长工件的滚花操作。图 3-72 所示为几个滚花刀实例。

　　滚花时可将工件装夹在卡盘、夹头上或两顶尖之间。刚开始时采用较低的主轴转速和较大的纵向进给速率。将滚花刀具与车床导轨成 90°（与中滑板平行）夹固，调整刀具高度使两个滚轮滚花时对工件产生相同的压力。起动机床，切换为纵向进

给，然后迅速移动滚花刀使之与旋转的工件接触。若用的是顶压式滚花刀，则使用中滑板施加滚花压力。握夹式滚花刀是通过一个调节螺钉或手柄控制滚轮压紧工件的。图 3-73 所示为两种类型的滚花刀。

a)

b)

图 3-72　a) 顶压式滚花刀。端部有旋转刀头，刀头上有细纹、中粗纹和粗纹滚花轮。b) 握夹式滚花刀适于在细长工件上滚花

　　要向滚轮和工件注入大量的切削液，并将切屑从滚花区域冲走。使用冷却系统或手持瓶子浇注切削液。

注意

　　不允许在主轴和滚轮旋转时用刷子添加切削液。刷子很容易绞入滚轮和工件之间，损坏工件或滚花刀，或使工件从夹具中脱离，造成人身伤害。

a)

b)

图 3-73 使用顶压式滚花刀（见图 a）和握夹式滚花刀（见图 b）进行滚花

　　当刀具到达滚花表面终点时，停下主轴检验滚花深度。不要脱开进给离合器。滚花图案要吻合，如图 3-74 所示。如果滚花深度不够，反转主轴，使刀具反向进给走完全部滚花长度。不要使滚花刀完全离开工件，至少要保持滚轮的一半宽度留在工件上（见图 3-75）。重复以上过程直至滚花达到加工要求。如果有必要，则增加滚花压力来获得滚花深度。尽量减少滚花进

给次数，因为进给次数多，会增加材料产生加工硬化或变脆的趋势。如果材料出现加工硬化，就会有小材料颗粒开始从工件上剥落而导致滚花质量较差。滚花完成后，要将滚轮撤离工件。如果用的是顶压式滚花刀，撤刀时只要退回中滑板即可。如果用的是握夹式滚花刀，撤刀时要松开刀具然后再退回中滑板，否则在滚花刀撤离工件滚花表面时会损坏花纹。

图 3-74 正确滚花的表面花纹吻合且不紊乱

图 3-75 滚花时要保持刀具与工件接触以防止花纹紊乱

手动车螺纹 | 第4章

4.1　概述

螺纹加工可在车床上使用单刃车刀在旋转的工件上切出螺旋沟槽来完成。

相比用丝锥或板牙制作螺纹，用车床车削螺纹对螺纹的配合性质、表面粗糙度及螺纹牙型具有更大的可操控性。为加工出合格的螺纹，必须了解螺纹的计算方法、刀具安装和机床操作及螺纹测量方法。

4.2　螺纹术语

由于车床对螺纹牙型和配合性质具有更大的可操控性，因此有必要了解关于螺纹的一些术语和细节。参照图4-1，其中对60°V形螺纹的主要部分做了说明。

• 牙侧是牙峰和牙槽接合的螺纹表面。在V形螺纹中牙侧形成"V"形。牙侧的形状和角度直接决定了螺纹的牙型。

• 螺纹的螺旋线是指螺纹牙槽形成的螺旋形曲线。

• 螺旋线升角是确定螺纹的螺旋线相对于零件轴线的角度。

• 牙顶间隙或牙底间隙是两个配合的螺纹牙顶到牙底之间的距离。

注意：牙顶与牙底之间的间隙不决定螺纹的配合性质（见图4-2）。

• 导程是指一个螺纹旋转一周相对于与其配对的螺纹移动的距离。关于导程的概念拿一个千分尺就能很好地说明。当转动旋钮一整周时千分尺的测砧之间将离开或靠近0.025in的距离。螺纹也可以是多导程的，如双倍或三倍的。双倍导程螺纹具有两个独立的螺纹沟槽，而一个三倍导程螺纹具有三条独立的螺纹沟槽。在一个单导程螺纹上，导程和螺距相等。双导程螺纹每旋转一周，两个配对螺纹之间的移动距离是螺距的双倍。如果在上面说的千分表中用了一个双导程的螺纹，那么千分表将离开或接近0.050in的距离。在双导程螺纹中，螺旋线升角相比单导程螺纹要大得多，如图4-3所示。

• 旋合长度是指外螺纹与内螺纹的连接长度（见图4-4）。

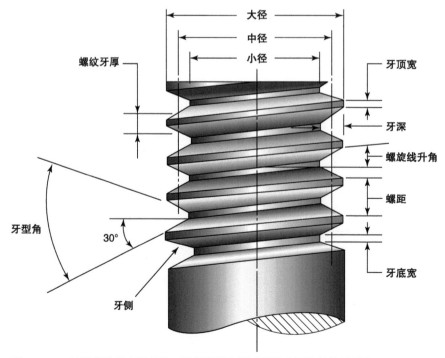

图4-1　60°V形螺纹的主要部分。牙侧指两个配对螺纹实际接触的牙型表面

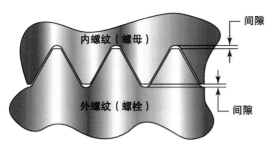

图 4-2 一对螺纹副牙顶和牙底之间的间隙。在这个区域不存在接触，因此这个区域不决定一对螺纹副之间的配合

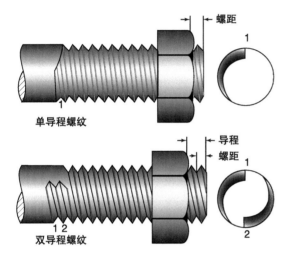

图 4-3 相比单导程螺纹，双导程螺纹具有大得多的螺旋线升角

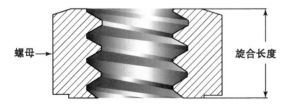

图 4-4 旋合长度决定一对螺纹副有多少螺纹相互旋合

• 螺纹可选两个螺旋线方向之一来加工。右旋螺纹的螺旋线会使一对螺纹装配后按顺时针方向旋转其紧固件时螺纹旋紧。左旋螺纹的螺旋线倾斜方向与右旋螺纹相反，当逆时针方向旋转其紧固件时螺纹旋紧（见图 4-5）。

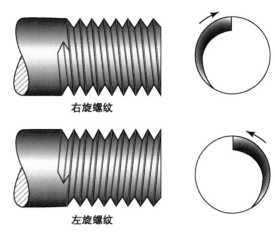

图 4-5 右旋螺纹和左旋螺纹具有相反的螺旋线方向

4.3 配合等级

为保持螺纹的标准化和保证螺纹副配合水平（松度或紧度）的一致性，规定了螺纹的配合等级。螺纹的配合等级由一对螺纹副的牙侧间隙来决定。

螺纹副有六种普通配合等级。其中的三种用于外螺纹，用字母 A 表示；另外三种用于内螺纹，用字母 B 表示。

• 1A 和 1B 级：1A 和 1B 级要求一对螺纹副配合非常松。这个级别适合于需要快速安装和拆卸的场合，这种情况下对螺纹连接的操作速度要求高于对连接精度的要求。需要在"野外"或较脏的、极端环境下进行装配的零件有时需要采用这一级别制造。该级别很少使用。

• 2A 和 2B 级：这个级别适用于通常的安装紧固，是最普通的配合，通用螺母和螺栓均使用这个级别。2A 和 2B 级的零件连接时具有充分的间隙使零件易于装配的同时提供足够的螺纹旋合长度，保证较高的连接强度。

• 3A 和 3B 级：这个级别在一对配合的螺纹之间具有较小的间隙或间隙为零。当精度要求非常高或需要较高的安装强度时才采用该级别。由于该配合级别的生产过程需要严密监控以保证加工精度，故制作成本较高。

有连接关系的两个螺纹的中径决定牙侧间隙，最终决定配合。每个配合级别都指定了各标准螺纹中径的许用尺寸极限。要获得某个配合级别，一对螺纹副的内、外螺纹中径必须介于这个极限尺寸之间。

4.4 确定螺纹数据

在进行任何螺纹切削之前，需要将所有需要的螺纹数据从类似图 4-6 所示的表中查询，有必要时还需要进行计算。这些数据将用于机床调整和螺纹测量。车削螺纹需要的螺纹数据如下：

- 螺纹大径
- 螺纹小径
- 刀架进给量
- 螺纹中径

4.4.1 外螺纹的螺纹大径

在工件上完成外螺纹切削后，唯一没有被螺纹车刀切削到的表面就是螺纹牙顶的小扁平面。这个表面是余留的原始表面并取得螺纹大径尺寸。在加工螺纹前这个表面必须加工到正确尺寸，这点很重要。螺纹配合级别不同，螺纹大径是不同的，大多数都略小于螺纹公称尺寸。

例 4-1 试确定 ¾-10UNC2A（即公称尺寸为 ¾in，每 1in 有 10 个牙，精度为 2A 极的 UNC 标准螺纹）的螺纹大径极限尺寸。

参照图 4-6 中的表，在最左侧的"公称尺寸"列中找到 ¾-10UNC，然后从这个螺纹系列的规定配合级别中查找相应的级别（这里是 2A）。顺着这一行找到"外螺纹"下的"螺纹大径"列并得到该螺纹的上、下极限尺寸。

上极限尺寸 = 0.7482in

下极限尺寸 = 0.7353in

需要将切削螺纹部分的外圆尺寸加工到这两个极限尺寸之间，然后才能车削螺纹。

4.4.2 内螺纹的螺纹小径

和外螺纹一样，在工件上切削完成内螺纹之后，留下的没有被螺纹车刀切削的唯一表面就是螺纹牙底的小扁平面。这个表面是余留的原始表面并取得螺纹小径尺寸。和外螺纹一样，在加工螺纹前这个表面必须加工到正确尺寸。

例 4-2 试确定 ¾-10UNC2B 螺纹的螺纹小径极限尺寸。

参照图 4-6 中的表，同样在最左侧的"公称尺寸"列中找到 ¾-10UNC，然后从这个螺纹系列的规定配合级别中查找相应的级别（这里是 2B）。顺着这一行找到"内螺纹"下的"螺纹小径"列并得到该螺纹的上、下极限尺寸。

上极限尺寸 = 0.6630in

下极限尺寸 = 0.6420in

需要将切削螺纹部分的内孔尺寸加工到这两个极限尺寸之间，然后才能切削螺纹。

4.4.3 刀架进给量

正如将要讨论的，螺纹切削时只能用小滑板实现刀具切深方向的移动。当切削 60°V 形螺纹时，要将小滑板的进给方向设置成大约 30° 角（见图 4-7）。下列公式可用来估算切削 60° 外螺纹时小滑板的进给量：

刀架进给量 = 0.7 × 螺距

或

$$刀架进给量 = \frac{0.7}{每英寸内牙数}$$

例 4-3 试确定切削 ¾-10UNC2A 螺纹的刀架进给量。

由螺纹标记说明可知，该螺纹每英寸内有 10 个牙，则

刀架进给量 = 0.7 × 螺距

= 0.7 × 0.1in = 0.07in

或

$$刀架进给量 = \frac{0.7}{N}in = \frac{0.7}{10}in = 0.07in$$

公称尺寸,每英寸牙数及系列名称	外螺纹								内螺纹						
	级别	公差	螺纹大径 最大	螺纹大径 最小	最小	螺纹中径 最大	螺纹中径 最小	UNR螺纹小径 最大(参考)	级别	螺纹小径 最小	螺纹小径 最大	螺纹中径 最小	螺纹中径 最大	螺纹大径 最大	螺纹大径 最小
5/8-32 UN	2A	0.0011	0.6239	0.6179	—	0.6036	0.6000	0.5867	2B	0.5910	0.5990	0.6047	0.6093	0.6250	0.6250
	3A	0.0000	0.6250	0.6190	—	0.6047	0.6020	0.5878	3B	0.5910	0.5969	0.6047	0.6082	0.6250	0.6250
11/16-12 UN	2A	0.0016	0.6859	0.6745	—	0.6318	0.6264	0.5867	2B	0.5970	0.6150	0.6334	0.6405	0.6875	0.6875
	3A	0.0000	0.6875	0.6761	—	0.6334	0.6293	0.5883	3B	0.5970	0.6085	0.6334	0.6387	0.6875	0.6875
11/16-16 UN	2A	0.0014	0.6861	0.6767	—	0.6455	0.6407	0.6116	2B	0.6200	0.6340	0.6469	0.6531	0.6875	0.6875
	3A	0.0000	0.6875	0.6781	—	0.6469	0.6433	0.6130	3B	0.6200	0.6284	0.6469	0.6515	0.6875	0.6875
11/16-20 UN	2A	0.0013	0.6862	0.6781	—	0.6537	0.6494	0.6267	2B	0.6330	0.6450	0.6550	0.6606	0.6875	0.6875
	3A	0.0000	0.6875	0.6794	—	0.6550	0.6518	0.6280	3B	0.6330	0.6412	0.6550	0.6592	0.6875	0.6875
11/16-24 UNEF	2A	0.0012	0.6863	0.6791	—	0.6592	0.6552	0.6367	2B	0.6420	0.6520	0.6604	0.6656	0.6875	0.6875
	3A	0.0000	0.6875	0.6803	—	0.6604	0.6574	0.6379	3B	0.6420	0.6494	0.6604	0.6643	0.6875	0.6875
11/16-28 UN	2A	0.0011	0.6864	0.6799	—	0.6632	0.6594	0.6438	2B	0.6490	0.6570	0.6643	0.6692	0.6875	0.6875
	3A	0.0000	0.6875	0.6810	—	0.6643	0.6615	0.6449	3B	0.6490	0.6551	0.6643	0.6680	0.6875	0.6875
11/16-32 UN	2A	0.0011	0.6864	0.6804	—	0.6661	0.6625	0.6492	2B	0.6540	0.6610	0.6672	0.6718	0.6875	0.6875
	3A	0.0000	0.6875	0.6815	—	0.6672	0.6645	0.6503	3B	0.6540	0.6594	0.6672	0.6707	0.6875	0.6875
3/4-10 UNC	1A	0.0018	0.7482	0.7288	—	0.6832	0.6744	0.6291	1B	0.6420	0.6630	0.6850	0.6965	0.7500	0.7500
	2A	0.0018	0.7482	0.7353	0.7288	0.6832	0.6773	0.6291	2B	0.6420	0.6630	0.6850	0.6927	0.7500	0.7500
	3A	0.0000	0.7500	0.7371	—	0.6850	0.6806	0.6309	3B	0.6420	0.6545	0.6850	0.6907	0.7500	0.7500
3/4-12 UN	2A	0.0017	0.7483	0.7369	—	0.6942	0.6887	0.6491	2B	0.6600	0.6780	0.6959	0.7031	0.7500	0.7500
	3A	0.0000	0.7500	0.7386	—	0.6959	0.6918	0.6508	3B	0.6600	0.6707	0.6959	0.7013	0.7500	0.7500
3/4-14 UNS	2A	0.0015	0.7485	0.7382	—	0.7021	0.6970	0.6635	2B	0.6730	0.6880	0.7036	0.7103	0.7500	0.7500
3/4-16 UNF	1A	0.0015	0.7485	0.7343	—	0.7079	0.7004	0.6740	1B	0.6820	0.6960	0.7094	0.7192	0.7500	0.7500
	2A	0.0015	0.7485	0.7391	—	0.7079	0.7029	0.6740	2B	0.6820	0.6960	0.7094	0.7159	0.7500	0.7500
	3A	0.0000	0.7500	0.7406	—	0.7094	0.7056	0.6755	3B	0.6820	0.6908	0.7094	0.7143	0.7500	0.7500
3/4-18 UNS	2A	0.0014	0.7486	0.7399	—	0.7125	0.7079	0.6825	2B	0.6900	0.7030	0.7139	0.7199	0.7500	0.7500
3/4-20 UNEF	2A	0.0013	0.7487	0.7406	—	0.7162	0.7118	0.6892	2B	0.6960	0.7070	0.7175	0.7232	0.7500	0.7500
	3A	0.0000	0.7500	0.7419	—	0.7175	0.7142	0.6905	3B	0.6960	0.7037	0.7175	0.7218	0.7500	0.7500
3/4-24 UNS	2A	0.0012	0.7488	0.7416	—	0.7217	0.7176	0.6992	2B	0.7050	0.7150	0.7229	0.7282	0.7500	0.7500
3/4-27 UNS	2A	0.0012	0.7488	0.7421	—	0.7247	0.7208	0.7047	2B	0.7100	0.7190	0.7259	0.7310	0.7500	0.7500

图 4-6　螺纹切削数据表给出了重要的螺纹尺寸

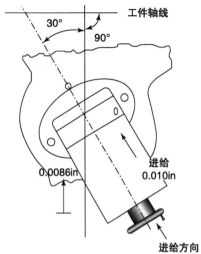

在小滑板设置为30°的情况下，小滑板进给0.010in，刀具向工件径向移动大约0.0086in。

图 4-7   由于刀具以一个倾斜角度移动，因此用来产生完整牙型所需的小滑板移动距离必须经过计算

4.4.4 螺纹中径

螺纹中径对螺纹配合非常重要，螺纹

中径尺寸经过标准化，可直接从表中查得。螺纹中径是外螺纹车削时要测量的主要特征参数。

例 4-4   试确定 ¾-10UNC2A 螺纹的螺纹中径极限尺寸。

查图 4-6 中的表，在最左侧"公称尺寸"列中找到 ¾-10UNC，然后从这个螺纹系列的规定配合级别中查找相应的级别。顺着这一行找到"外螺纹"下的"螺纹中径"列，即查到该螺纹的上、下极限尺寸。

上极限尺寸 = 0.6832in

下极限尺寸 = 0.6773in

4.5   在车床上加工螺纹

在车床上加工螺纹是使用单刃车刀

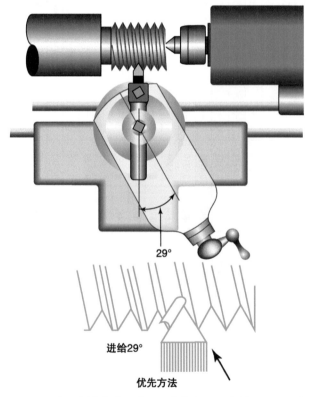

图 4-8   小滑板的角度调整为大约螺纹牙型角的 1/2，这样材料的切除主要由一个切削刃完成

沿工件表面进行数次逐次的深度切削来完成的。随着螺纹深度逐次增加，刀具与工件的接触部分也增加。这种接触会导致切削力增大，从而可能导致振动、过热及工件或刀具变形。为尽可能减少切削过程中刀具和工件之间的接触（和压力），习惯上使刀具以一个大致等于螺纹牙型角之半的角度前进（见图 4-8）。刀具以这样的角度前进可保证只有主切削刃参与切削去除绝大部分材料。将小滑板的角度设置为略小于这一角度（对于 60° 螺纹牙型采用 29°~29.5° 而不是 30°）常常会更好些，这样在每次进给时副切削刃也会进行少量切削。

4.6 车床的调整

为正确完成单刃螺纹切削，在进行任何切削操作之前必须首先进行一系列的机床调整操作。

• 要正确调整进给箱和溜板进给方向以保证切削时刀具进给适当。

• 开合螺母必须与丝杠啮合。

• 工件必须装夹可靠以防切削过程中变形或滑脱。

• 小滑板必须调整至所需的刀架进给角度。

• 刀具必须安装牢固可靠。

• 刀具的刃形角度必须正确定位。

4.6.1 安装工件

最好的做法是把需要切削螺纹的外圆加工出来，在螺纹车削时不用移动或重新装夹工件。如果做不到，要保证重新装夹时工件的总偏移量不超过 0.001in。如果不这样，螺纹深度就会不一致，一对螺纹副安装到一起时就会不同轴。较大的偏移量还会影响两个配对零件的配合。

1. 外螺纹加工中工件的装夹

用于外圆车削操作的工件装夹设备也可用于螺纹切削。在车削外螺纹时，如果工件安装在卡盘或夹头上伸出长度超过工件直径的 3 倍，就要使用尾座回转顶尖作为辅助支承，以防工件变形。记住，车削螺纹时工件所需扭矩很大。保证工件夹紧牢固很重要，因为任何滑动都会使螺纹乱扣。

2. 内螺纹加工中工件的装夹

内螺纹加工时工件装夹应用相同的原理。然而工件不可以装夹在两顶尖之间，因为孔位于零件的一端，若安装顶尖就无法接受内螺纹车削刀具。

4.6.2 调整进给箱

为设置进给箱，首先要确定每英寸内的螺纹牙数。多数车床在进给箱上有螺纹铭牌，上面标记了每种螺距对应的进给箱手柄（或手轮）挡位。一定要认真阅读这些标记，不要将这些数字与每转进给英寸值混淆。整个表格数值表示可用的每英寸内的螺纹牙数（见图 4-9）。螺纹铭牌上还列出了对应每个每英寸内的螺纹牙数进给箱手柄所应处的挡位。

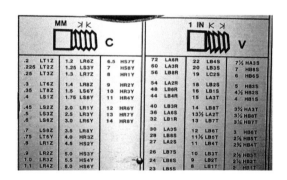

图 4-9　粘贴在进给箱上的螺纹切削铭牌指示了切削螺纹时进给箱手柄的挡位设置。铭牌的左半部分是米制螺纹，其每列中的左边是以毫米为单位的螺距数值，右边是对应的进给箱手柄位置。铭牌的右半部分是寸制螺纹，其每列中的左边数值是每英寸内的螺纹牙数，右边是对应的进给箱手柄位置

进给箱直接将动力传递给丝杠。必须保证进给箱的每个联轴器或手柄位置正确

以使丝杠获得正确的转速。丝杠的旋转方向也必须在进给箱中调整好以保证溜板按正确的方向进给。如果加工右旋螺纹，车床的主轴应该正转，同时溜板向主轴箱方向纵向进给；对左旋螺纹，主轴仍然正转，但溜板应当向尾座方向进给。

4.6.3　调整小滑板

螺纹加工操作期间小滑板用来使刀具按指定角度切入工件。对于 60°V 形螺纹，小滑板的角度从平行于中滑板的位置开始移动，应调整为 29°~29.5°。通常通过松开小滑板基座上的螺钉来调整小滑板。松开螺钉后，旋转小滑板直至小滑板上 29°~29.5° 的角度刻度与中滑板上的参考标记线对齐为止。最后必须将小滑板的锁紧螺钉紧固（见图 4-10）。

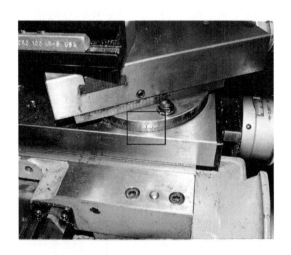

图 4-10　小滑板基座刻度盘设置为 29°~29.5° 用来切削 60°V 形螺纹

当切削右旋外螺纹时，小滑板的方位设置如图 4-11 所示，即主轴正转，溜板向主轴箱方向前进。

当切削左旋外螺纹时，小滑板的方位设置如图 4-12 所示，即主轴正转，溜板向尾座方向前进。

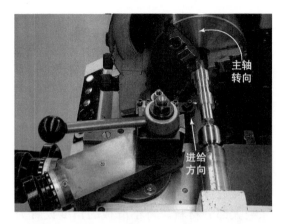

图 4-11　切削右旋外螺纹时主轴转向、小滑板方位及进给方向

图 4-12　切削左旋外螺纹时主轴转向、小滑板方位及进给方向

当切削右旋内螺纹时，小滑板的方位设置如图 4-13 所示，即主轴正转，溜板向主轴箱方向前进。

图 4-13　切削右旋内螺纹时主轴转向、小滑板方位及进给方向

当切削左旋内螺纹时，小滑板的方位设置如图 4-14 所示，即主轴正转，溜板向尾座方向前进。

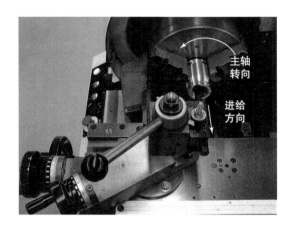

图 4-14　切削左旋内螺纹时主轴转向、小滑板方位及进给方向

4.6.4　调整主轴转速

在车床上车削螺纹时的主轴转速比车削同样尺寸的外圆要低。这其中有两个原因：一是车削螺纹时刀具与工件接触面积大，降低主轴转速可防止振动；二是螺纹切削时需要操作员有更多的配合操作，因为刀具前进速度较快，而开合螺母必须在恰当的时机及时执行闭合和脱开。由于溜板进给直接与主轴转速关联，较低的主轴转速会给操作员提供更多的时间去操作开合螺母控制手柄。主轴转速设为车削同尺寸外圆时的 1/4 比较合适。

注意

一定要在刀具远离工件、主轴箱和尾座的情况下进行一下试切以检查溜板的移动。如果溜板移动速度太快，则无法安全地控制开合螺母手柄，这时就要根据情况适当降低主轴转速。

4.6.5　安装、调整刀具

有几种用于加工外螺纹的刀具。用

台式磨床可将高速钢刀尖磨成螺纹牙型形状。刀具的侧面必须有侧后角以便于切削同时防止摩擦。钎焊硬质合金刀具可根据所需的螺纹牙型和后角要求去购置。很多刀具供应商提供可转位硬质合金螺纹车刀。图 4-15 所示为用于外螺纹加工的刀具实例。切削内螺纹时，类似用于镗孔的刀夹用来夹持刀具以使刀具能够延伸到工件孔内。图 4-16 所示为几种不同类型的内螺纹车刀。

图 4-15　用于外螺纹加工的各种螺纹车刀

图 4-16　用于内螺纹加工的各种螺纹车刀

无论使用外螺纹车刀还是内螺纹车刀，一定要使刀杆悬伸量尽可能小以保证获得最大的刚度。尤其是对于内螺纹车刀，为使刀头能伸进工件孔中，刀杆往往较细，更容易受刀具装夹刚性的影响。在满足使用的情况下一定要选择最大直径的内螺纹车刀杆，同时要留有足够的空间使完成进给后的刀具能从螺纹槽中退出。

调整刀具刃型角使其与工件对齐非常重要。有一种小量具称为中心规（有时也称作鱼尾规）用来调整刀具与工件对齐。中心规如图 4-17 所示。还要特别提示，和车削、镗削操作一样，刀具的高度要与工件中心线对齐。为使刀具位置正确，首先要将刀具放在安装好的刀夹上并调整到正确的高度。拿起中心规，让它靠在工件表面的侧面，同时移动中滑板使刀具移近中心规。然后调整刀具直到刀尖刚好放入中

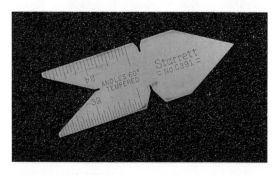

图 4-17　中心规

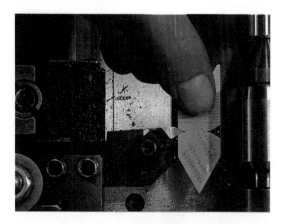

图 4-18　中心规用于调整 V 形螺纹刀具使之与工件对齐

心规上的 V 形槽中，如图 4-18 所示。这种做法将刀具切削刃置于垂直于工件的位置上。然后将夹刀装置紧固，并再次使用中心规检查以保证刀具没有发生移位。

4.7　车螺纹操作

4.7.1　设置刀具的参考位置

工件和刀具安装好后，还有最后一项调整工作就是设置刀具参考位置。这个零参考点作为基准线用来监控每次进给的螺纹切削深度。开启机床使主轴旋转，同时使刀尖接近被加工表面直到与工件表面轻轻接触。给工件加工面涂上一层划线漆能更容易做到这一点。保持在这个位置上将中滑板和小滑板的手轮刻度盘均置为"0"（见图 4-19）。记住，务必要在小滑板和中滑板的反向间隙消除后才能将刻度盘置零。对于外螺纹加工，中、小滑板均向远离操作员所在位置的方向移动。对于内螺纹车削，两者是朝向操作员所在方向移动。

图 4-19　当刀具与工件的螺纹加工表面接触后手轮刻度盘设置为零

4.7.2　乱扣盘和开合螺母

在车床上车削外圆时，是通过自动进给离合器将动力提供给溜板的。而车削螺纹时，是使用开合螺母将溜板直接连接到丝杠上的（见图 4-20）。开合螺母实际上就

是一个螺母，只是被分成两半。当开合螺母控制手柄合闸时，这两半螺母闭合到丝杠上，将溜板与丝杠相连（见图 4-21）。

图 4-20　螺纹加工时开合螺母控制手柄用来闭合开合螺母

图 4-21　在螺纹加工期间一个对开的半螺母装置通过两个半螺母在丝杠上闭合来带动溜板移动

由于需要循环进给来切削螺纹的完整深度，每次进给轨迹必须精确地位于同一条螺纹牙槽中。开合螺母的闭合时机通过乱扣盘上的旋转刻度来测定。这个乱扣盘保证每次进给时开合螺母与丝杠在同一个位置啮合。其过程是，观察乱扣盘上的刻度，当一个适当的数字与基准刻度线对齐时开合螺母控制手柄合闸（见图 4-22）。一般乱扣盘上标记着数字 1、2、3 和 4。通常，切削每英寸内的牙数为偶数的螺纹，开合螺母控制手柄可在乱扣盘上任意数值线对齐时合闸。而切削每英寸内的螺纹牙数为奇数的螺纹，开合螺母只能在乱扣盘上的奇数线对齐时合闸。由于不同厂家生产的机床在齿轮箱和乱扣盘的设计上稍有变动，因此在确定乱扣盘上适宜开合螺母控制手柄合闸的数值时最好参考一下车床操作手册。

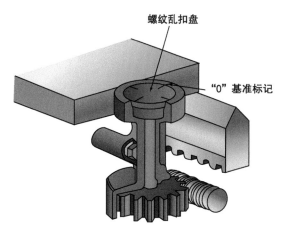

图 4-22　螺纹加工期间要时时关注乱扣盘以便开合螺母控制手柄在适宜的时机合闸

4.7.3　螺纹车刀的进刀与调位

对于 V 形螺纹加工，在切削过程中刀具的进刀将由小滑板实现以使主要的切削工作由刀具的一个切削刃来完成。中滑板只用来在螺纹切削的终点退刀和在下一个切削循环的开始处进行刀具调位。小滑板随着每次进给逐步进刀，全部进刀量由小滑板刻度来控制。

为开始螺纹切削循环，在刀具轻触工件表面后将刀具定位到螺纹开始的位置上并将小滑板和中滑板的刻度盘置于"0"。第一次进给时使用小滑板进刀，使刀具只前进 0.001~0.002in（见图 4-23）。这一次进给用来显示螺纹螺旋线的轨迹并可用螺距规检验螺距以进一步进行螺纹切削。随着主轴在电动机驱动下旋转，根据乱扣盘指示选择适宜的时候开合螺母控制手柄合闸，开始螺纹切削（见图 4-24）。当刀具到达螺纹终点时，脱开开合螺母。然后转动中滑板手轮使之旋转一整周将刀具从螺纹槽里退出。接下来移动溜板使刀具返回螺纹起点。由于已经退刀，移动溜板时刀具

不会损伤螺纹。因中滑板的刻度盘在刚开始时已置为零，每次进给开始前将中滑板返回到零位来进行刀具调位。记住，使用螺距规检查每英寸内的牙数是否正确，确认没问题后才能继续加工（见图 4-25）。

图 4-25 采用螺距规检验每英寸内的螺纹牙数是否正确

第一次真正切削进给时小滑板进刀大约 0.010in 比较合适。在后续的循环切削过程中，随着螺纹刀具吃刀深度增加，将每次进给的进刀量降低大约 0.002in。最后一次精加工进刀量应当为 0.0005~0.001in。由于刀具与工件接触多导致刀具和工件可能会变形，因此在接近最终深度时采取几轮没有小滑板进刀的"弹性"进给会是不错的主意。

4.7.4　螺纹收尾法

有时图样要求在整个圆柱面上切削螺纹。这种情况下，可能只需在螺纹刀具完成退刀后简单地将开合螺母控制手柄松开，如图 4-26 所示。有时，需要将螺纹切削至一个轴肩或其他特征的位置。在这种情况下，可使用两种方法来完成螺纹收尾。

如果图样允许，可加工出螺纹退刀槽。螺纹退刀槽用来在开合螺母脱开后为螺纹车刀停止切削提供空间，以免损坏螺纹。螺纹退刀槽也可用来为螺纹车刀提供开始切削的空间（见图 4-27）。

图 4-23 试刀时将中滑板刻度置为零，小滑板前进 0.001~0.002in

图 4-24 必须密切关注乱扣盘以使开合螺母控制手柄在正确的时机合闸

图 4-26　有些螺纹延伸到整个圆柱表面上，这时可在刀具走出切削区域后脱开开合螺母

图 4-28　螺纹车刀可在每次进给结束后迅速退刀来终止螺纹，结果留下了一个螺纹逐渐"消失"的槽

图 4-27　螺纹退刀槽用作脱开开合螺母而不损伤螺纹及其相邻表面的区域

　　如果不允许开出螺纹退刀槽，车床操作员就必须在规定的螺纹长度范围内使用中滑板来迅速退刀（见图 4-28）。必须注意，要保证每次进给后刀具都在同一点处退刀，以防止刀具錾入未切区域。当使用这种方法车削外螺纹时，较好的做法是将中滑板的手轮手柄置于相当于时钟 9 点的位置（当车削内螺纹时则置于时钟 3 点的位置）。这样只要简单地向下推动手柄就可完成退刀，同时还有助于退刀时防止因意外向反方向移动中滑板（见图 4-29）。

a)

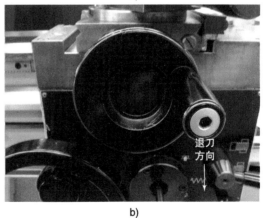

b)

图 4-29　a）中滑板刻度置为时钟 9 点的位置以便于在每一次外螺纹车削进给结束后退刀。b）中滑板刻度设置为时钟 3 点的位置以便于在每一次内螺纹车削进给结束后退刀

4.8 螺纹测量

在车床上加工的螺纹有各种方法测量它们的尺寸、形状和精度。所用的测量工具类型和需要检验的螺纹细节要根据图样上给出的公差来决定。最常见的螺纹检验项目是螺纹中径，但也可能还包括螺纹牙型。

4.8.1 螺纹环规与塞规

通和止螺纹环规常用来检验外螺纹的中径。这类量具不能测量给定螺纹的实际中径，但可决定螺纹中径是否在允许的极限尺寸范围内。这些量规是用来检验某一特定级别的配合，来肯定由该量规鉴定的配合级别符合螺纹技术规范。通规应当在螺纹上自由旋转，而止规则应当不能与螺纹旋合。如果通规不能与螺纹旋合，说明螺纹需要加大牙型深度。如果止规与螺纹旋合了，说明螺纹牙型深度过大了，超出了公差范围，应报废。图 4-30 所示为通和止螺纹环规在使用中。

通／止螺纹塞规用来检验内螺纹。同样这类量具也不能实际测量螺纹中径，但能确定螺纹中径是否在允许的极限尺寸范围内。同样塞规也是用来检验某个特定级别的配合。如果通规不能与螺纹孔旋合，则该螺纹需要加大牙型深度。如果止规能旋合，则说明螺纹牙型深度过大，超出了

公差，应报废。图 4-31 所示为通／止螺纹塞规在使用中。

图 4-31　使用双测头通／止螺纹塞规检验内螺纹

4.8.2 螺纹千分尺

如果需要测量外螺纹的螺纹中径又没有螺纹环规，这时就用到螺纹千分尺。螺纹千分尺在外观上与标准的外圆千分尺十分相似，只是螺纹千分尺在其测杆上有一个 60° 的圆锥形测头，而在其测砧上是一个 60°V 形槽。螺纹千分尺能够非常快捷和精确地测量螺纹中径。使用时，首先要应用参考资料查找出正确的螺纹中径。由于每个螺纹千分尺都只能针对某一特定范围的每英寸内的螺纹牙数的螺纹进行测量，因此针对被加工螺纹选择正确的螺纹千分尺很重要。图 4-32 所示为螺纹千分尺的使用。

图 4-30　使用通和止螺纹环规检验外螺纹

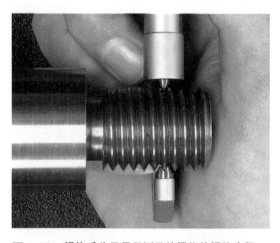

图 4-32　螺纹千分尺用于测量外螺纹的螺纹中径

4.8.3　三线法

如果螺纹环规和螺纹千分尺都不具备，可能就要用到三线法来测量螺纹中径。将三个直径相等的精密金属量针放在螺纹槽中并使用千分尺卡到这些量针上来测量（见图 4-33）。使用三线法测量螺纹，和前面讲的一样，螺纹中径需要首先确定，然后借助参考表确定量针的尺寸和加上量针的测量值范围。

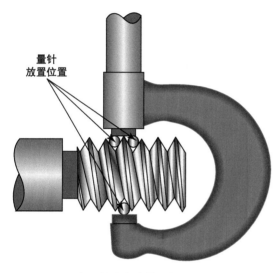

量针放置位置

图 4-33　三个量针小心地放入螺纹槽中以便使用千分尺测量螺纹中径

1. 确定量针尺寸

对于给定的螺纹大小确定适当的量针直径需要用到诸如机床手册这样的参考资料。

例 4-5　为 ¾-10UNC2A 螺纹确定量针的最大和最小尺寸。

由于被测螺纹每英寸内有 10 个牙，图 4-34 所示为美国标准螺纹量针直径表，在表中查找每英寸内牙数为 10 对应的行。顺着该行找到"最大"和"最小"列。尺寸介于这两个值之间的任意量针都可使用。

最大量针尺寸 = 0.0900in

最小量针尺寸 = 0.0560in

每英寸牙数	螺距 /in	美国标准螺纹用量针直径 /in		
		最大	最小	接触的中径线
4	0.2500	0.2250	0.1400	0.1443
4½	0.2222	0.2000	0.1244	0.1283
5	0.2000	0.1800	0.1120	0.1155
5½	0.1818	0.1636	0.1018	0.1050
6	0.1667	0.1500	0.0933	0.0962
7	0.1428	0.1283	0.0800	0.0825
8	0.1250	0.1125	0.0700	0.0722
9	0.1111	0.1000	0.0622	0.0641
10	0.1000	0.0900	0.0560	0.0577
11	0.0909	0.0818	0.0509	0.0525
12	0.0833	0.0750	0.0467	0.0481
13	0.0769	0.0692	0.0431	0.0444
14	0.0714	0.0643	0.0400	0.0412
16	0.0625	0.0562	0.0350	0.0361
18	0.0555	0.0500	0.0311	0.0321
20	0.0500	0.0450	0.0280	0.0289
22	0.0454	0.0409	0.0254	0.0262
24	0.0417	0.0375	0.0233	0.0240
28	0.0357	0.0321	0.0200	0.0206
32	0.0312	0.0281	0.0175	0.0180
36	0.0278	0.0250	0.0156	0.0160
40	0.0250	0.0225	0.0140	0.0144

图 4-34　针对一个具体美系标准螺纹采用三线法测量时量针尺寸取值表

2. 量针测量计算

螺纹量针具有各种尺寸增量，必须选择三个介于推荐值范围内的量针组成一个配套组。量针尺寸一经确定，就可使用下列公式来确定这一螺纹相应配合级别所对应的期望测量值：

测量值 = 螺纹中径 − (0.86603 × 螺距) + (3 × 量针直径)

例 4-6　针对 ¾-10 UNC 2A 螺纹，试确定可取的最大和最小测量值。已知量针直径为 0.0700in，螺纹中径极限尺寸如下：

螺纹中径的上极限尺寸 = 0.6832in

螺纹中径的下极限尺寸 = 0.6773in

例 4-6（续）

上测量极限尺寸 = $[0.6832 - (0.86603 \times 0.100) + (3 \times 0.0700)]$ in

$= (0.6832 - 0.086603 + 0.2100)$ in

$= 0.8066$ in

下测量极限尺寸 = $[0.6773 - (0.86603 \times 0.100) + (3 \times 0.0700)]$ in

$= (0.6832 - 0.086603 + 0.2100)$ in

$= 0.8007$ in

之后继续切削螺纹直到三线法测量结果介于计算的上、下测量极限尺寸之间。

4.8.4 牙型测量

如果需要，外螺纹的牙型也可检查。通常使用光学比较仪来放大螺纹牙型，这样包括牙侧角、牙顶和牙底形状均可清晰测量。图 4-35 所示为使用光学比较仪检查牙型。

图 4-35 光学比较仪用来对螺纹进行放大投影以直观检查其牙型

4.9 其他牙型

至此我们讨论的 60° 牙型或许是最普通的牙型，同时还有其他牙型用来满足各种工程和设计需要。这些螺纹的加工方法和统一螺纹（即 60°V 形螺纹）加工所采用的方法非常相似。切削刀具必须和牙型相匹配，小滑板进刀角度略小于螺纹牙型角的 1/2。

4.9.1 梯形螺纹

梯形螺纹的牙型角是 29°，由于其牙型较厚，有些呈直角状，因此其外观十分独特。梯形螺纹的强度非常高，通常用于强度要求至关重要的传动场合。梯形螺纹的应用见于千斤顶、大型液压阀和车床丝杠（见图 4-36）等。由于各种规格的梯形螺纹具有不同大小的牙底宽度，因此加工的梯形螺纹尺寸不同，所需的刀具尺寸也不同。小滑板应当调整为以 14° 方向进刀。图 4-37 所示为梯形螺纹车刀以及用于测量刀具尺寸和调整刀具方位的量具。

4.9.2 圆锥管螺纹

圆锥管螺纹的直径从一端到另一端是变化的。这种类型螺纹的直径在每英尺长度上变化 3/4in。锥面使得两个成对的圆锥管螺纹在装配到一起并旋紧时彼此相互楔紧。这种楔紧作用使螺纹连接很大程度上能够防止泄漏。为可靠防止液体或气体经过螺纹连接点时不泄漏，仍然需要使用管道密封化合物。图 4-38 所示为圆锥管螺纹。

图 4-36 车床丝杠通常采用梯形螺纹

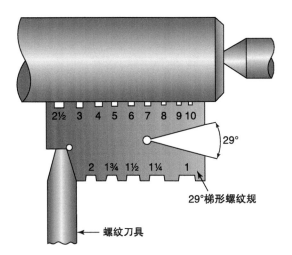

图 4-37　一种特殊的量具用来测量梯形螺纹切削刀具前端刃宽度，同时使刀具方位相对工件上待切螺纹的外圆对正

图 4-38　圆锥管螺纹使配对的两零件连接紧密，有助于密封

　　圆锥管螺纹的牙型角是60°，因此刀具和小滑板的调整情况和切削标准 60° V 形螺纹时一样。圆锥管螺纹加工时，必须首先调整机床加工出锥面，然后在锥面上切

削螺纹（锥面车削将在第 5 章中进行详细说明）。刀具借助于中心规在工件平直的外圆上（不是在锥面上）找正（见图 4-39）。

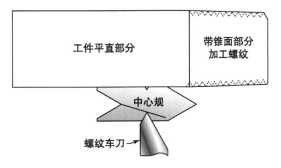

图 4-39　用于圆锥管螺纹加工的螺纹车刀必须通过中心规找正，中心规放在工件平直的外圆上而不是锥面上

4.9.3　锯齿形螺纹

　　由于牙型不对称，锯齿形螺纹很容易识别。在锯齿形螺纹上，一面牙侧几乎与螺纹中心线垂直，称作承载面。这种牙型通常用于单向受力较高的场合。锯齿形螺纹的加工过程与 60° V 形螺纹十分相似。刀具的形状制成与不对称的螺纹槽相符。应将小滑板设置为小于承载面牙侧角0.5°~1°。图 4-40 所示为锯齿形螺纹。

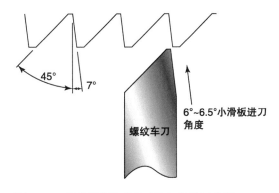

图 4-40　锯齿形螺纹的轮廓和刀具进刀角度

第5章　锥面车削

5.1 概述

锥面是直径恒定变化的回转面。钟形回转表面不是锥面（见图 5-1）。锥面在机床上是常见结构，用来提供校准面及工件夹具和刀具夹具的固定方式。锥面要么自锁要么自开。自锁锥面可使配对零件位置对正、连接牢固。自锁锥面的实例有莫氏锥面和雅可布锥面，常用于钻床、车床和钻夹头及刀柄中。自开锥面只提供校准面，配对零件之间必须通过附加方法（通常使用螺纹拉杆）才能固定。多数现代 CNC 铣床上使用的锥面就是自开锥面，这些锥面是基于 NMTB（美国全国机床制造商协会）或 AMT（美国制造技术协会）标准的锥面。

锥面还可作为美化外观、减重或间隙而使用，例如台球杆上的锥面、机器或工具的手柄等。短锥面可以在配对的两个回转体零件之间形成间隙。无论锥面用于何处，在车床上车削锥面是机加领域中经常用到的技术。

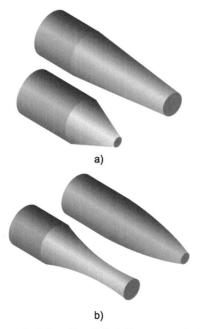

图 5-1　a）中所示的零件带有锥面，因为每个零件具有恒定的直径变化。　b）中所示零件上是钟形表面，不是锥面

本章将集中讲解术语和计算，包括锥面表示法和车床上锥面的加工方法。

5.2 典型锥面的尺寸标注法

锥面在图样上可通过两种基本方法来指定。第一种方法是角度尺寸。由于锥面是直径恒定变化形成的，因此第二种方法是直径在一个给定长度上的变化率。

5.2.1 角度标注法

锥面的角度标注法就是直接用角度来指定锥面尺寸，不过存在两种角度标注方式。

锥面的锥顶角是从锥面的一侧轮廓到另一侧轮廓的整个度量角度。例如针孔冲和中心冲顶点的全角（分别为 60° 和 90°）就是锥顶角。

锥面的中心角是指从锥面的一侧轮廓线到回转中心线的度量角度。前面提到的中心冲的中心角应当分别是 30° 和 45°。图 5-2 说明了锥顶角和中心角之间的区别。

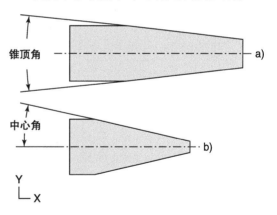

图 5-2　锥面用 a）锥顶角和 b）中心角进行标注

5.2.2 变化率标注法

锥面的变化率是指在给定长度上直径尺寸变化量的比率。

TPI（即每英寸锥度）是指在 1in 长度上的直径变化量。例如，1/2 TPI 表示在 1in 长度上，直径变化 1/2in；0.045 TPI 表示在 1in 长度上，直径变化 0.045in。

TPF（即每英尺锥度）是指在 1ft（或

12in）长度上直径的变化量。与上一个实例对比，1/2 TPF 表示在 12in 长度上，直径变化了 1/2in；0.045 TPI 即表示在 12in 长度上，直径变化了 0.045in。图 5-3 所示为 TPI 和 TPF 两种标注的对比。

锥面还可通过大端、小端直径及锥面长度来指定，如图 5-4 所示。

像莫氏锥度这样的标准锥度在图样上可通过引线标注或注释方式来标注，以说明锥面的类型。

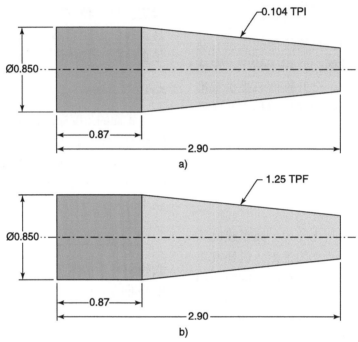

图 5-3　锥面用 a)TPI(每英寸锥度)标注和 b)TPF(每英尺锥度)标注。两种标注给定的尺寸是相同的

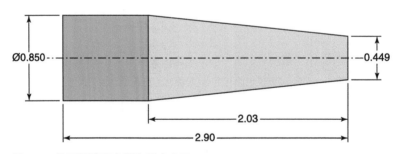

图 5-4　锥面用端面直径和长度表示

5.3　锥面尺寸和计算

当用车床加工锥面时有些锥面尺寸很重要，必须知道，有几个计算公式可用来确定锥面尺寸。图 5-5 所示图例给出了锥面加工时用到的典型尺寸。

当加工锥面时使用最多的一个基本计算公式为

$$TPI = \frac{D-d}{l}$$

式中　D——锥面大端直径；
　　　d——锥面小端直径；
　　　l——锥面长度。

记住，这时的"l"表示锥面的长度，不是零件的总长（后面要用到的另外的锥面公式将使用"L"作为零件的总长）。要

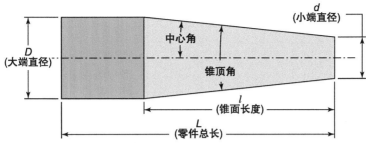

图 5-5 常用锥面尺寸计算一览

熟练掌握这个公式，因为锥面加工时常常要用到。这个公式一般用于处理采用变化率标注的锥面。如果已知其他参数，使用这个公式时，任何一个参数都能确定。例如，如果已知端面直径和长度，就能得出TPI；如果已知端面直径、长度和 TPI，就能确定另一端的直径。进一步，通过 TPI 乘以 12 就可得到 TPF。该公式的应用示例如图 5-6 所示。

当图样上给了角度，有时需要把它转化成 TPI 或 TPF。另外，当已知 TPI 或 TPF 时，有时需要知道对应的锥顶角或中心角。如果 TPF 是 1/64 之类的分数值，对应的角度可通过使用类似图 5-7 所示的表来确定。如果查不到，就要使用基于直角三角形的一些公式。

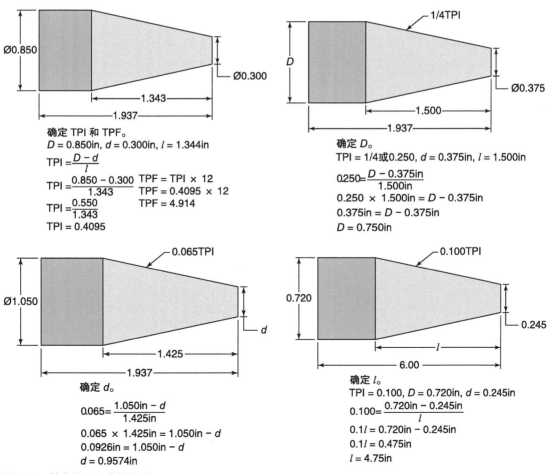

图 5-6 基本锥面公式的应用

TPF 和对应的角度

TPF	锥顶角			中心角			TPF	锥顶角			中心角		
$1/64$	0.074604°	0°	4'	20"	0°	2'	14"	$1^7/_8$	8.934318°	8°	56'	4"	4°	28'	2"
$1/32$	0.140208	0	8	57	0	4	29	$1^{15}/_{16}$	9.230863	9	13	51	4	36	56
$1/16$	0.298415	0	17	54	0	8	57	2	9.527283	9	31	38	4	45	59
$1/32$	0.447621	0	26	51	0	13	26	$2^1/_8$	10.119738	10	7	11	5	3	36
$1/8$	0.596826	0	35	49	0	17	54	$2^1/_4$	10.711650	10	42	42	5	21	21
$3/32$	0.746028	0	44	46	0	22	23	$2^3/_8$	11.302990	11	18	11	5	39	5
$3/16$	0.895228	0	53	43	0	26	51	$2^1/_2$	11.893726	11	53	37	5	56	49
$3/32$	1.044425	1	2	40	0	31	20	$2^5/_8$	12.483829	12	29	2	6	14	31
$1/4$	1.193619	1	11	37	0	35	49	$2^3/_4$	13.073267	13	4	24	6	32	12
$8/32$	1.342808	1	20	34	0	40	17	$2^7/_8$	13.662012	13	39	43	6	49	52
$5/16$	1.491993	1	29	31	0	44	46	3	14.250033	14	15	0	7	7	30
$11/_{32}$	1.641173	1	38	28	0	49	14	$3^1/_8$	14.837300	14	50	14	7	25	7
$3/8$	1.790347	1	47	25	0	53	43	$3^1/_4$	15.423785	15	25	26	7	42	43
$13/_{32}$	1.939516	1	56	22	0	58	11	$3^3/_8$	16.009458	16	0	34	8	0	17
$7/16$	2.088677	2	5	19	1	2	40	$3^1/_2$	16.594290	16	35	39	8	17	50
$15/_{32}$	2.237832	2	14	16	1	7	8	$3^5/_8$	17.178253	17	10	42	8	35	21
$1/2$	2.386979	2	23	13	1	11	37	$3^3/_4$	17.761318	17	45	41	8	52	50
$17/_{32}$	2.536118	2	32	10	1	16	5	$3^7/_8$	18.343458	18	20	36	9	10	18
$7/16$	2.685248	2	41	7	1	20	33	4	18.924644	18	55	29	9	27	44
$19/_{32}$	2.834369	2	50	4	1	25	2	$4^1/_8$	19.504850	19	30	17	9	45	9
$5/8$	2.983481	2	59	1	1	29	30	$4^1/_4$	20.084047	20	5	3	10	2	31
$21/_{32}$	3.132582	3	7	57	1	33	59	$4^3/_8$	20.662210	20	39	44	10	19	52
$11/_{16}$	3.281673	3	16	54	1	38	27	$4^1/_2$	21.239311	21	14	22	10	37	11
$23/_{32}$	3.430753	3	25	51	1	42	55	$4^5/_8$	21.815324	21	48	55	10	54	28
$3/4$	3.579821	3	34	47	1	47	24	$4^3/_4$	22.390223	22	23	25	11	11	42
$25/_{32}$	3.728877	3	43	44	1	51	52	$4^7/_8$	22.963983	22	57	50	11	28	55
$13/_{16}$	3.877921	3	52	41	1	56	20	5	23.536578	23	32	12	11	46	6
$27/_{32}$	4.026951	4	1	37	2	0	49	$5^1/_8$	24.107983	24	6	29	12	3	14
$7/8$	4.175968	4	10	33	2	5	17	$5^1/_4$	24.678175	24	40	41	12	20	21
$30/_{32}$	4.324970	4	19	30	2	9	45	$5^3/_8$	25.247127	25	14	50	12	37	25
$15/_{16}$	4.473958	4	28	26	2	14	13	$5^1/_2$	25.814817	25	48	53	12	54	27
$31/_{32}$	4.622931	4	37	23	2	18	41	$5^5/_8$	26.381221	26	22	52	13	11	26
1	4.771888	4	46	19	2	23	9	$5^3/_4$	26.946316	26	56	47	13	28	23
$1^1/_{16}$	5.069753	5	4	11	2	32	6	$5^7/_8$	27.510079	27	30	36	13	45	18
$1^1/_8$	5.367550	5	22	3	2	41	2	6	28.072487	28	4	21	14	2	10
$1^3/_{16}$	5.665275	5	39	55	2	49	57	$6^1/_8$	28.633518	28	38	1	14	19	0
$1^1/_4$	5.962922	5	57	47	2	58	53	$6^1/_4$	29.193151	29	11	35	14	35	48
$1^5/_{16}$	6.260400	6	15	38	3	7	49	$6^3/_8$	29.751364	29	45	5	14	52	32
$1^3/_8$	6.557973	6	33	29	3	16	44	$6^1/_2$	30.308136	30	18	29	15	9	15
$1^7/_{16}$	6.855367	6	51	19	3	25	40	$6^5/_8$	30.863447	30	51	48	15	25	54
$1^1/_2$	7.152669	7	9	10	3	34	35	$6^3/_4$	31.417276	31	25	2	15	42	31
$1^9/_{16}$	7.449874	7	27	0	3	43	30	$6^7/_8$	31.969603	31	58	11	15	59	5
$1^5/_8$	7.746979	7	44	49	3	52	25	7	32.520409	32	31	13	16	15	37
$1^{11}/_{16}$	8.043980	8	2	38	4	1	19	$7^1/_8$	33.069676	33	4	11	16	32	5
$1^3/_4$	8.340873	8	20	27	4	10	14	$7^1/_4$	33.617383	33	37	3	16	48	31
$1^{13}/_{16}$	8.637654	8	38	16	4	19	8	$7^3/_8$	34.163514	34	9	49	17	4	54

图 5-7 表中给出了以 1/64in 为增量的 TPF 值所对应的中心角和锥顶角

5.3.1 将 TPI 或 TPF 转化为角度尺寸

当已知 TPI 或 TPF 时，可用以下公式计算中心角。即

$$中心角 = \arctan(TPF/24)$$

该公式的含义就是中心角的正切值是TPF/24。如果已知 TPI，首先将 TPI 乘以 12 转化成 TPF，然后再用 TPF 除以 24，得到的是中心角的正切值。试看下面的例子：

例 5-1 如果 TPF 是 3/4，那么中心角是多少？

$$中心角的正切 = \frac{3}{4} \div 24$$

$$= \frac{3}{4} \times \frac{1}{24}$$

$$= \frac{1}{32} = 0.03125$$

在科学计算器上，按"2nd""TAN""0.03125""="键，其结果是 1.7899。这

是以"度"为单位的角度值。将该值转化为度分秒。

如果需要锥顶角，则将该公式调整为

$$锥顶角 = \arctan(TPF / 12)$$

5.3.2 将角度尺寸转化为 TPI 或 TPF

使用类似的方法由角度求出 TPI 或 TPF。当给定中心角 X 时，使用以下公式计算 TPF：

$$TPF = 24 \tan X$$

例 5-2 已知中心角为 8°，试求 TPF 和 TPI。

$$TPF = 24 \times \tan 8°$$
$$= 24 \times 0.14054$$
$$= 3.37298$$

求 TPI，用 TPF 除以 12。于是 TPI = 3.37298 ÷ 12=0.2811。TPI 还可通过将公式调整为 TPI = 2 tan X 来计算。

图 5-8 所示为一些锥面计算公式的一览表。

$TPI = \dfrac{D-d}{l}$ $TPI = \dfrac{TPF}{12}$	确定每英寸锥度（TPI）：用大端直径（D）减去小端直径（d），然后除以锥面长度（l） 如果已知每英尺锥度，则用每英尺锥度（TPF）除以 12 来确定每英寸锥度
$TPF = \left(\dfrac{D-d}{l}\right) \times 12$ $TPF = TPI \times 12$	确定每英尺锥度（TPF）：用大端直径（D）减去小端直径（d），再除以锥面长度（l），最后乘以 12 如果已知 TPI，用 TPI 乘以 12
$D = (TPI \times l) + d$	已知每英寸锥度（TPI）、小端直径和锥面长度，确定锥面的大端直径：用每英寸锥度（TPI）乘以锥面长度（l），然后加上小端直径（d）
$d = D - (TPI \times l)$	已知每英寸锥度（TPI）、大端直径和锥面长度，确定锥面的小端直径：用每英寸锥度（TPI）乘以锥面长度（l），然后用大端直径（D）减去该得数
中心角 = $\arctan(TPF/24)$	已知每英尺锥度，确定中心角：首先用每英尺锥度（TPF）除以 24，所得结果为该角度的正切值
锥顶角 = $\arctan(TPF/12)$	已知每英尺锥度，确定锥顶角：首先用每英尺锥度（TPF）除以 12，所得结果即为中心角的正切值
$TPF = 24\tan X$	已知中心角，确定每英尺锥度：用 24 乘以中心角的正切值
$TPF = 12\tan X$	已知锥顶角，确定每英尺锥度：用 12 乘以锥顶角的正切值

图 5-8 常用锥面公式一览表

5.4　锥面车削方法

锥面车削方法不同，所需的锥面尺寸也不同，每种方法都有其各自的利弊。图5-9 所示为锥面车削方法汇总、它们的利 / 弊以及每种方法所需的尺寸信息。车削锥面时通常采用和柱面切削相同的速度和进给量，使用被加工锥面的大端直径来计算主轴转速。

5.4.1　宽刃切削法

宽刃切削法使用一个切削刃平直的刀具切削锥面。这种方法只能切削较短的锥面，需要知道锥顶角或中心角。使用量角器将刀具的平直切削刃设置到合适的角度。然后刀具向工件方向进给，依据图样要求，到达适当的深度或长度。

由于刀具尺寸的关系，用这种方法加工时锥面长度受到限制。对于长度短的，如 0.050in，使用和切削柱面相同的速度。随着长度增加，切削刃接触部分也增加，主轴转速可能要大幅度降低以消除振动。图 5-10 所示为锥面切削的刀具法。

5.4.2　转动小滑板法

由于小滑板可以旋转任意角度，当锥顶角或中心角已知时，小滑板可用来加工锥面。首先将小滑板调整至合适的角度。一定要按照正确的参考位置调整小滑板的角度。有时角度盘的读数可能是需要加工角度的补角。可能需要将小滑板的夹条轻微地放松以使小滑板能自由转动。这种方法可用于加工外锥面和内锥面，但锥面长度受到小滑板行程的限制。

锥面车削方法	所需信息	优点	缺点
宽刃切削法	• 锥面中心角	• 机床调整迅速 • 可加工任意角度	• 锥面长度受刀具尺寸限制 • 需要定制磨削的刀具
转动小滑板法	• 锥面中心角	• 机床调整迅速 • 可加工任意角度 • 内、外锥面均能加工	• 锥面长度受小滑板行程限制 • 只能手动进给
锥面靠模法	• TPF 或角度（某些靠模上具有中心角刻度盘，而某些具有锥顶角刻度盘）	• 可加工较长锥面 • 内、外锥面均能加工 • 可使用机动进给	• 机床调整时间长 • 锥面限制在大约 10° 的中心角 • 锥面长度受靠模行程的限制 • 靠模窜动
偏移尾座法	• TPI 或 TPF	• 可加工特长锥面（只受两顶尖之间距离的限制） • 无须顾虑窜动影响	• 锥度尺寸受尾座可调偏移距离和连接鸡心夹头到拨盘槽内的限制 • 机床调整时间长 • 只能加工外锥面 • 需要使用带护锥的中心钻和 / 或球形顶尖

图 5-9　锥面车削方法、所需信息和各种车削方法的利弊

如果图样上标注了直径，使用中滑板使刀具前进

如果图样上标注了长度，使用溜板使刀具前进

图 5-10　宽刃切削法加工短锥面

设置适当的主轴转速。锥面开始切削时，将小滑板和刀尖置于靠近锥顶侧锥面开始的位置。然后，以 0.001in 的增量向工件方向交替地移动中滑板和溜板，并前后移动小滑板直到刀具与工件边界拐角接触。然后根据图样要求，移动中滑板或溜板来调整刀具的进刀深度，使用小滑板进给进行锥面切削，直到获得要求的尺寸。图 5-11 所示为使用小滑板切削锥面的方法。

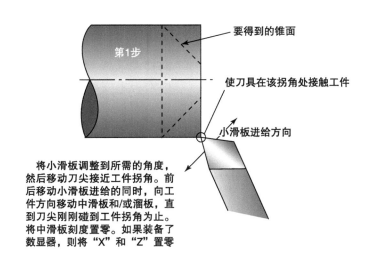

第1步

要得到的锥面

使刀具在该拐角处接触工件

小滑板进给方向

将小滑板调整到所需的角度，然后移动刀尖接近工件拐角。前后移动小滑板进给的同时，向工件方向移动中滑板和/或溜板，直到刀尖刚刚碰到工件拐角为止。将中滑板刻度置零。如果装备了数显器，则将"X"和"Z"置零

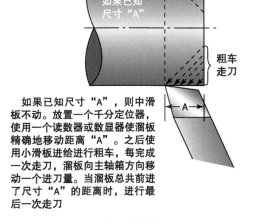

第2步
如果已知尺寸"A"

粗车走刀

A

如果已知尺寸"A"，则中滑板不动。放置一个千分定位器，使用一个读数器或数显器使溜板精确地移动距离"A"。之后使用小滑板进给进行粗车，每完成一次走刀，溜板向主轴箱方向移动一个进刀量。当溜板总共前进了尺寸"A"的距离时，进行最后一次走刀

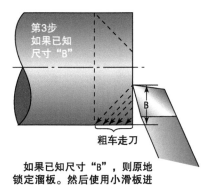

第3步
如果已知尺寸"B"

B

粗车走刀

如果已知尺寸"B"，则原地锁定溜板。然后使用小滑板进给进行粗车，每完成一次走刀，中滑板向工件径向移动一个进刀量。当中滑板总共前进了尺寸"B"的距离时，进行最后一次走刀

图 5-11　使用小滑板车削锥面的方法

5.4.3 锥面靠模法

锥面靠模是车床的一种附件，用来在溜板沿导轨纵向移动时带动中滑板向内或向外移动。锥面靠模可使用中心角或 TPF 值来调整位置，但已知 TPF 或 TPI 则有助于检查靠模的位置。利用锥面靠模内外锥面均可加工。它的另一个优点是能使用溜板自动进给。与转动小滑板法相比，它能够加工更长的锥面，但锥面长度仍受到靠模的限制。

1. 安装

安装靠模时首先要将靠模锁定到导轨上并将溜板定位于靠模的中点附近。然后松开靠模板锁紧螺钉并将靠模板调整至所需的角度或 TPF 值（一端刻度是角度，另一端刻度是 TPF）。最后紧固锁紧螺钉（见图 5-12）。

由于靠模带动中滑板移动，每当溜板反转移动方向时，就会由于中滑板的反向而产生窜动。因此，一定要使溜板移动足够的距离超过锥面车削开始位置以消除这一窜动量。然后再检查靠模位置或进行车削。将小滑板平行于中滑板定位可通过小滑板将刀具前移从而消除窜动影响（见图 5-13）。

接下来应当使用千分表或车床数显器来检查靠模的调整位置。如果使用千分表，就在机床上安装一个测试杆或把被加工零件装夹上。调整靠模位置使工件或测试杆的长度在靠模行程范围内（见图 5-14）。接下来，移动溜板使之超出被加工表面开始位置足够远，以消除窜动，然后沿加工方向移动溜板至少 1in 的距离。接下来，在中滑板上安装一个插入式千分表，然后使用小滑板带动千分表移动，使测头与工件

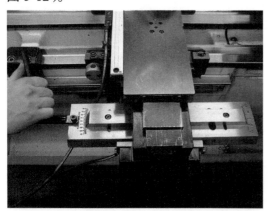

a)

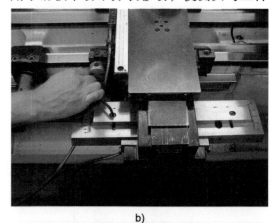

b)

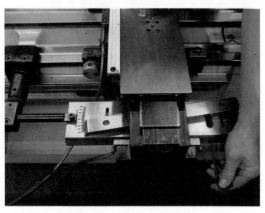

c)

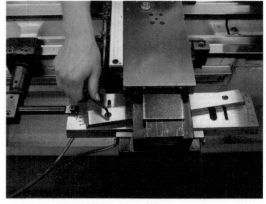

d)

图 5-12　调整锥面靠模。a）将靠模固定到床身导轨上。b）松开靠模板锁紧螺钉。c）调节靠模板。d）重新紧固靠模板锁紧螺钉

图 5-13　将小滑板置于平行于中滑板的位置上，以便调整切削深度，这样有助于消除使用锥面靠模而产生的窜动

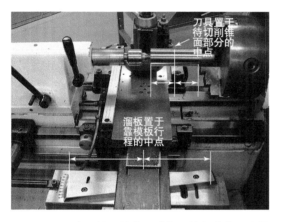

图 5-14　一定要使工件将形成锥面的部分位于靠模的行程范围内

a)

b)

图 5-15　使用千分表检查靠模板的位置。a）使 1 号千分表测头顶到平直的工件上（或测试棒上）使指针置零，2 号千分表顶到溜板上置零。b）沿切削方向移动溜板 1in 的距离（用 2 号千分表测量），然后读取 1 号千分表的读数，读数应为 TPI/2

或测试杆接触。另一个千分表将用来测量溜板的纵向移动量。沿切削方向移动溜板 1in，记下千分表读数。该读数应该是TPI/2。重复这一过程，直到千分表显示正确的读数（见图 5-15）。

使用车床数显器能更方便地检测 TPI。按切削方向移动溜板直至数显器上出现中滑板移动。然后将中滑板的和纵向进给的数显器均置 "0"。将溜板再沿切削方向移动 1in，记录数显器上显示的中滑板移动量。在直径模式下，数显器的读数是 TPI，而在半径模式下数显器读数应该是 TPI 的 1/2。重复这一过程，直至数显器显示正确的数值（见图 5-16）。

2. 加工

完成靠模位置检查后，设置合适的主轴转速和进给速率。在开始切削前，一定要将溜板移动到切削开始点之外以消除窜动，然后再沿切削方向移回到切削开始位置附近。使用小滑板调整切削深度，然后合上纵向进给开始切削（见图 5-17）。完成切削走刀后，溜板可以回到切削开始的位置上以进行下次走刀。由于反转方向时产生窜动，当溜板返回到起始位置时刀具会向远离工件的方向产生轻微移动。这是窜动的一个好处，因为这样刀具就不会像车削圆柱面那样在工件表面上拖过（见图 5-18）。连续走刀直至得到所需尺寸。

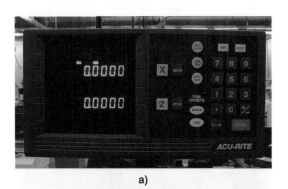

a)

b)

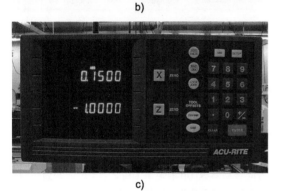

c)

图 5-16 使用车床数显器来检查靠模位置。a）将中滑板和纵向进给均置零。b）然后将溜板沿切削方向移动 1in 并检查中滑板的移动读数。在直径模式下，该读数应等于 TPI。c）在半径模式下，该读数应为 TPI 的 1/2

5.4.4 尾座偏移法

还有一种锥面车削方法不需要靠模。在尾座偏移法中，尾座中心从尾座主轴中心线处偏移一段距离，如图 5-19 所示。由于工件必须装夹在两个顶尖之间，因此这种方法仅用于外锥面加工。这种方法的主要优点是可以加工较长的锥面。锥面的长度仅受车床两顶尖之间的距离限制。这种方法也不必考虑类似靠模法中的窜动。

图 5-17 使用靠模完成一次进给。记住将溜板移到超过切削开始的位置再切削，以消除窜动

图 5-18 锥面靠模窜动的一个好处是，当溜板返回切削开始的位置时刀具与工件不接触

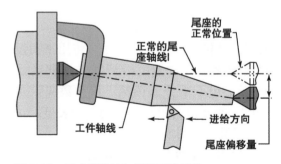

图 5-19 尾座偏移法切削锥面的原理

尾座偏移法也存在某些弊端，这就是为什么通常仅在其他方法无法满足要求时才用它。首先，在切削开始前必须移动尾座，然后在加工完成后再重新置零才能进行任何其他的操作。其次，由于尾座只能在小范围内偏移，这种方法通常不能加工锥面斜度大的锥面。再有，如果工件的长

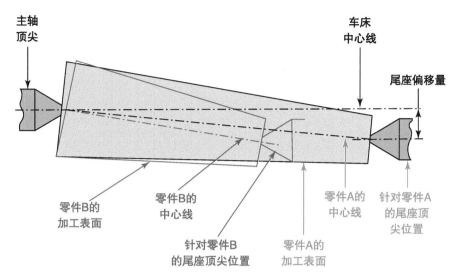

图 5-20　同样的尾座偏移量，零件长度改变，甚至其中心孔深度不同，由于两个零件之间尾座位置变化，会产生不同的锥面斜度

度不同，则尾座的偏移量就应不同。即使工件长度一样，工件上中心孔的深度改变时也需要调节尾座偏移量。与加工零件长度不同的情况一样，形成同样的锥面斜度，由于顶尖接触工件的深度不同了，于是要求尾座的位置也要改变。图 5-20 说明了这一点。因此，与宽刃切削法、转动小滑板法及锥面靠模法不同，用这些方法，一旦完成安装就可用来加工数个零件；而在尾座偏置法中，如果要加工多个零件可能需要进行频繁的调整。最后，要得到精确的锥面就基本上免不了要经过几次试切后调整、调整后再试切这样的反复过程。

由于尾座偏移法改变了车床中心线的位置，和车削圆柱外圆情况不同，顶尖和中心孔的接触状况变得较差。使用带护锥的中心孔钻来钻孔会改善中心孔的支承状态（见图 5-21）。加工中心孔必须在尾座偏移之前完成或在一个尾座处于标准位置上的车床上完成。

1. 安装

在采用尾座偏移法调整机床之前，必须计算尾座的偏移量。这个值就是尾座从与车床主轴中心线对齐的位置移动的距离。这个计算值是大约值，由于中心钻尺寸和中心孔深度的变化，可能需要某些进一步的调整。

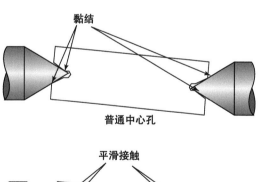

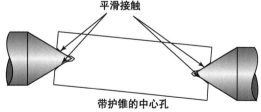

图 5-21　由于尾座偏移法引起两顶尖和标准中心孔之间的黏结，采用带护锥的中心孔钻来钻中心孔会改善顶尖和中心孔的接触状态

计算尾座偏距时，首先使用前面章节提到的方法确定 TPI。然后使用下列公式：

$$偏距 = \frac{L \times TPI}{2}$$

注意，这时使用了工件总长"L"，而不是锥面的长度。现举例如下：

> **例 5-3**　如果 TPI=0.050，工件总长 L=11in，试计算尾座偏距。
>
> $$\begin{aligned} 偏距 &= \frac{L \times TPI}{2} \\ &= \frac{11 \times 0.050}{2} \text{ in} \\ &= \frac{0.55}{2} \text{ in} = 0.275 \text{in} \end{aligned}$$

完成偏距的计算后，就要进行尾座偏移。这里有几种不同的偏移量调整方法，其中使用最多的应属插入式千分表。

将一个千分表安装在中滑板上，其移动方向平行于中滑板移动方向。将千分表置于尾座套筒附近。移动中滑板使之与尾座套筒接触，然后给千分表重新加载使其表针旋转大约 1/4 圈，之后将表置零。调整尾座直到表针显示的移动距离等于偏距值（见图 5-22）。紧固尾座调节螺钉并检查表读数。在锁紧调整螺钉时可能需要几次微量调整以获得正确位置。

2. 加工

尾座偏距调整完成后，可将工件装夹在两顶尖之间。当车削细长工件时，由于工件长、细，没有附加支承，常将主轴转速调得很低以消除颤抖和振动。

将切削刀具置于切削开始位置，使用小滑板向前移动刀具以设定切削深度，并打开机动进给进行车削进给。切除刚好的材料以便于检验锥面是否正确。通常需要对尾座偏移量进行附加调整，并进行几次试切以获得正确的锥面锥度。这是一个非常消耗时间的过程。

a)

b)

图 5-22　使用千分表调整尾座偏移量。a）当测头接触到尾座套筒上时将千分表置零。b）然后调整尾座直至表针指示偏移量

数控加工基础

第6章

6.1 概述

在当今高要求和快节奏的加工环境下，计算机数字控制（CNC，简称数控）机床正在彻底改变机械加工的现状。这些高科技机床能完成的事情甚至是在 10 年之前绝不敢想象的，复杂的操作能完成得更快，并有更好的精度和一致性，并且这样不知疲倦地工作也看上去毫不费力。

在一个现代计算机化的机械工厂里，最普通的操作是铣削和车削，完成这些操作的机床基本上是手动铣床和手动车床的计算机化的版本。用这两种类型的机床，大多数工厂能生产各种形状、尺寸和材料的零件。图 6-1 所示为由数控机床生产的一些工件示例。

自动换刀装置（ATC）的添加和自动化的材料和零件的装载和卸载手段的组合允许这些机床运转时可以几乎无人看守。当数控车床配置上自动换刀装置时，它被叫作车削中心，数控铣床配置上自动换刀装置时，它被叫作加工中心。图 6-2 所示

图 6-1　由数控机床生产的一些工件示例

为数控车床，图 6-3 所示为数控车削中心。图 6-4 所示为数控铣床，图 6-5 所示为加工中心。

不论机床有或者没有 ATC，在机床上添加数控装置能使机床平稳地、高效率地和精确地完成复杂的操作。就在 30 年以前，这些机床完成的操作中的一些要么是不可能的，要么需要很多的安装、笨重的机床附件和单调乏味的手工作业。

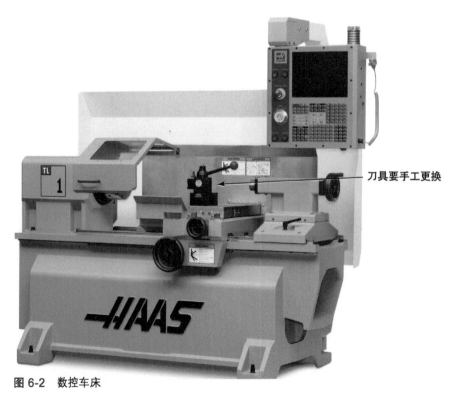

刀具要手工更换

图 6-2　数控车床

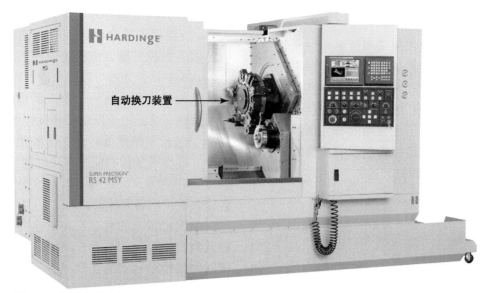

图 6-3 数控车削中心

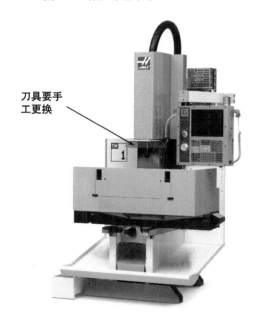

图 6-4 数控铣床

6.2 数控机床控制单元

为了成功地实现数控加工，它需要数控程序设计员、安装人员、操作者和机床的硬件之间的协调努力。数控程序生成和存储在机床控制单元（MCU，有时也简单地叫作一个"控制"）。当程序运行时，信息被传送到机床上的控制轴运动、主轴电动机、ATC、冷却液泵等更多不同的系统

图 6-5 加工中心

中。MCU 有一个外部的操作者控制面板，带有显示器，从这个操作者面板和显示器上，可以键入程序、输入机床设置数据，并且监控和控制机床功能（见图 6-6）。

图 6-6 安装在 MCU 外部的操作者控制单元

6.3　数控运动控制

运转着的数控机床通过采用一个程控的命令，机床能精确地、快速地、平稳地定位它的轴直接在某个位置。让其发生的硬件在 20 世纪后 25 年进化了并且今天还在不断地进化。正在使用的有几个不同变种的系统类型，运动控制系统里最常见的零部件会在稍后讨论。

6.3.1　传动丝杠

由手动车床可知有种叫作导向丝杠的特殊丝杠，用于沿着它们的滑道移动机床轴来把旋转运动转化为线性运动。用于在手动机床上生成线性运动的最常见的丝杠类型是 Acme 型（例如在手动机床上的导向丝杠）。然而，因为它们的反冲、摩擦、磨损和效率低，所以 Acme 型丝杠不能被现代工业的数控应用所接受。

任何用过手动机床的人都可能在当反转一个轴的方向时遇到过反冲，因为在 Acme 型丝杠的螺纹自身和与之相匹配的螺母之间存在间隙而导致了浪费运动。这是 Acme 型丝杠不适合于数控机床的一个原因，因为数控系统要依赖于频繁的轴运动反转，没有反冲才是可以接受的。

数控驱动系统另一个令人满意的方面是耐磨性，这是由于低摩擦和良好的润滑。当一根丝杠摩擦很低时，它会消耗更少的功率、操作更平稳和使用更长时间。Acme 型丝杠在这方面完成得不好，这是因为它有很大的滑动表面面积。

数控机床上的轴必须要加速并移动得极其有侵略性。从一台转动的电动机直接传输到线性轴运动的能量越多，就会允许由一台指定大小的电动机产生更高的转速和加速度。Acme 型丝杠在把转矩传递为线性运动方面的效率仅为 30%~40%。

对这些所有问题的有独创性的机械解决方案是：一个滚珠丝杠总成。这个装置由一根丝杠和用钢球代替螺纹的螺母组件组成。滚珠丝杠在传递转矩为线性运动方面的效率可达到 90%。图 6-7 所示为滚珠丝杠组件的横截面图。

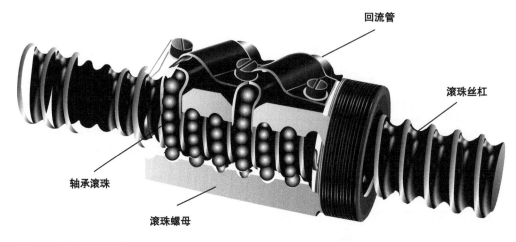

图 6-7　滚珠丝杠组件

（图中标注：回流管、滚珠丝杠、轴承滚珠、滚珠螺母）

6.3.2　数控导轨

每台机床轴的零部件（工作台、溜板、立柱、床身或中滑板）必须在一组精确的叫作"导轨"的轨道上进行导向。像丝杠，手动机床的导轨的主要不足是当在高要求的数控应用时，传统的平面 V 形或燕尾导轨没有高的性能来把润滑剂保持在里面并把切屑保持在外面，而且它们会产生很大的摩擦力，这会消耗功率并引起磨损。

大多数的现代数控机床采用了一种高科技的现代化的导轨，叫作直线导轨，这些单元是密封的，具有加压的润滑系统，并包含低摩擦的球轴承。直线导轨是典型的可以按照匹配好的组得到，在实际应用中它们是可以移动和替换的，而不像平面导轨。图6-8 所示为直线导轨组件的横截面图。

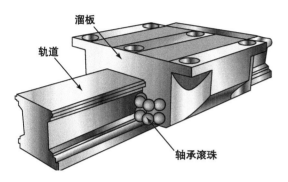

图 6-8　直线导轨组件及其零件

6.3.3　伺服电动机

一台标准的电动机能提供功率来移动机床的一根轴，但是不能跟踪轴移动的距离。因此，一种混合动力的电动机就被使用了，这种电动机被叫作伺服电动机，并且是半电动机半位置传感器。电动机的传感器部分被称为编码器，典型的是安装在电动机的轴上。编码器的工作是记录电动机产生的转动的量（按角度）。通过知道电动机的轴已经转动的量，MCU 能使用滚珠轴承的导程尺寸来计算机床轴已经移动的距离。如果需要的运动量在最初没有得到，编码器给机床控制提供反馈，机床会立即调整电动机的位置来补偿。MCU和编码器会不断地相互通信，所以轴的运动是精确的。图 6-9 所示为伺服电动机的分解视图。

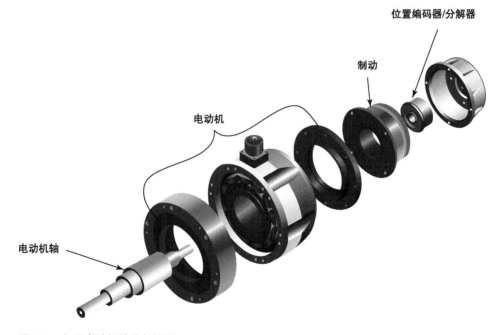

图 6-9　伺服电动机的分解视图

6.4　坐标系

程序设计员给数控机床的指令主要有两种主要类型，一种是以代码的形式，它会告诉机床要完成什么类型的功能；另一种是告诉机床要去完成的功能在工件上的什么位置。为了位置指令，程序设计员必须使用一个坐标系来在工件上筹划出指定的位置。通过使用坐标系，程序设计员会规定机床能懂的"运动方向"，来使切削刀具到达预期的目的地。

6.4.1 笛卡儿坐标系

在日常生活中，类似地图的一个示例或许是某个人在看着一个城市的卫星图片的同时，指导一个在城市街道上的旅行者。

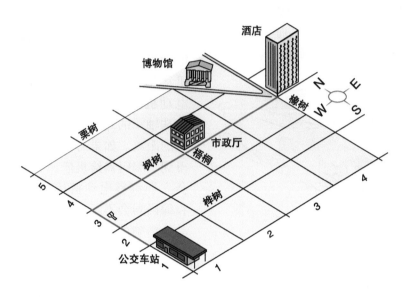

图 6-10 一个在公交车站的旅客想去酒店，如果得到指示，要向北走 2 个街区，然后再向东走 4 个街区

向导可以通过告诉他或她向北走 2 个街区然后向东走 4 个街区指导旅行者到达目的地（见图 6-10）。数控程序设计员不使用北、南、东或西来辨认距离或方向，但是取而代之使用一个相似的系统叫作笛卡儿坐标系。这个坐标系也有时被叫作直角坐标系，北和南方向是同轴的。在笛卡儿坐标系中，呈直线的叫作轴，南和北方向的轴叫作 Y 轴，东和西方向的轴叫作 X 轴。

沿着"北"方向的运动是正值，沿着"南"方向的运动是负值；沿着"东"方向的运动是正值，沿着"西"方向的运动是负值。在以前的示例中，我们的向导会把北方向叫作 Y+，把东方向叫作 X+。图 6-11 所示的笛卡儿坐标系的 3 个轴看起来是等大的。

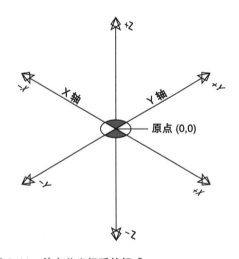

图 6-11 笛卡儿坐标系的组成

回顾一下谈及城市街道的示例，我们把旅行者开始的地方叫作原始的点，或简称原点。这个点是 X0、Y0，并且所有的位置都基于这个点。因此，最终的目的地是 X4、Y2。

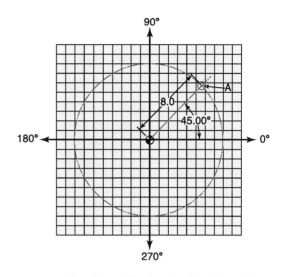

注意

总是要仔细考虑关于一个坐标是正还是负。例如，如果一个 X10.0 的位置被编程用 X−10.0 代替，然后定位运动会朝着远离它预期的 20in 进行。如果工件夹持装置和工件停止在行程的轨迹内，这会是灾难性的。

图 6-13　本图表显示的是极坐标系，当使用这个坐标系时，X 值指定了从原点的距离，Y 值指定了相对于零度标记的角度。所示的位置"A"位于一个从原点 45° 和 8.0in 的位置，当使用极坐标时，写作 X8.0Y45.0

笛卡儿坐标系的 X 轴和 Y 轴把坐标系分割成 4 个独立的区域，这 4 个区域被叫作象限。图 6-12 所示是 XY 平面的象限，象限沿逆时针方向从 I 到 IV 进行编号。注意在象限 I 的所有的坐标在两个轴方向都是正的，在象限Ⅲ的所有的坐标在两个轴方向都是负的。

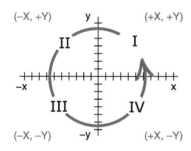

图 6-12　象限把一个坐标平面分割成四个区域

6.4.2　极坐标系

笛卡儿坐标系是在数控编程中最常用的坐标识别系统，但是不是在数控编程中唯一的坐标系。极坐标系有时也用于在一个工件上确定位置。极坐标要求位置能通过定义从原点到一个指定位置的一个角度和一个距离（像数学里的一个矢量）来确定。（见图 6-13 和图 6-14）。极坐标的理想用途是用于一个程序设计员需要定位机床在多角度的位置的任何应用下，当每个位置之间的角度已知时（例如螺栓分布圆或孔模式）。当极坐标系用于螺栓分布圆时，原点通常放置在圆的中心。

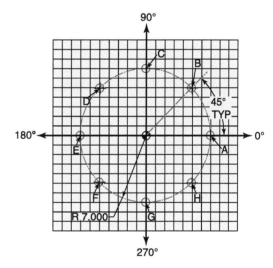

图 6-14　关于使用极坐标系怎样确定一个 8 孔工件的每个位置的示例，每个位置的定位被编程为：（A）X7.0 Y0;（B）X7.0 Y45.0;（C）X7.0 Y 90.0;（D）X7.0 Y135.0;（E）X7.0 Y180.0;（F）X7.0 Y225.0;（G）X7.0 Y270.0;（H）X7.0 Y315.0

6.5　定位系统

6.5.1　绝对定位系统

当使用一个坐标系进行编程时，有两种可用的方法来参考工件的位置，其中一种方法是大家都知道的绝对定位系统。当使用绝对定位时，所有位置的坐标会从工件的原点（X0,Y0,Z0）进行参照（见图6-15）。注意：经常想起绝对坐标作为定位或位置而不是距离是很有帮助的。

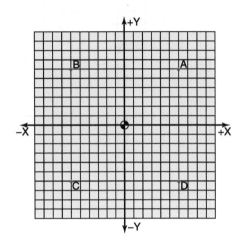

图6-15 假设栅格上的每一个方块的边长等于1in，使用绝对编程方法，每一个被识别的位置的坐标是：(A) X6.0 Y6.0; (B) X–6.0 Y6.0; (C) X–6.0 Y–6.0; (D) X6.0 Y–6.0

6.5.2 增量定位系统

另一种参照坐标的方法是增量定位系统，它指定从现在的点到下一个点的距离，而不是相对于原点的一个位置。给出指示增量距离的方向的正确符号（＋或－）是很重要的（见图6-16）。

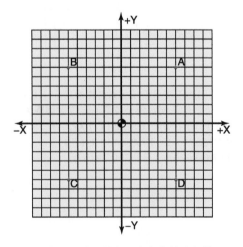

图6-16 假设栅格上的每一个方块的边长等于1in，使用增量编程方法，假设切削刀具已经在位置A，每一个随后的位置的坐标是：(B) X–12.0 Y0.0; (C) X0.0 Y–12.0; (D) X12.0 Y0.0

这两种定位的方法各有优点和缺点，要取决于具体情况，使用增量系统的一个缺点是任意的编程错误都会累积。换句话说，如果出现一个定位错误，那个位置和它以后的所有位置也会是错误的，因为它们都是从一个不正确的位置进行参照的。排除在增量程序里的一个定位错误是非常困难的。当编程时，和现在的位置保持联系并知道要编程的下一个增量位置也是很困难的。使用增量方法的优点是那些需要重复定位的零件能被很容易地计算并编程（例如钻削一系列的呈1in距离分布在一排的孔）。

综上所述，绝对编程是典型的较少使人混淆和更少可能发生编程错误的方式，绝对定位是在工业里最常用的。

6.6 代码

除了要告诉机床要移动到什么位置，程序设计员必须也要给机床提供指令，告诉它在那个位置要做什么，这些指令不是用英语编写的，更确切地说是用机床能理解的代码。这种编程的风格被称为字地址。单个程序字可以是一个轴字母带一个位置（如X3.456）或一个代码（如G20）。要被同时执行的程序字都被写在相同的行，这行程序字被称为一个程序段。一个程序段里的每个命令都会在程序前进到下一个程序段执行之前被完全执行。

6.6.1 G代码

G代码或预先的命令，准备一台机床来使用一个特别的代码来进行加工。例如，代码G1告诉机床沿着直线进行进给或线性运动，G0开始快速定位，G90打开绝对编程，G91打开增量编程，G20设定机床为英寸为单位。这些功能中的一些像开关一样。当它们被打开时，它们会一直保持打开状态直到它们被故意关闭或用一个相冲突的预先的命令覆盖掉。例如，如果在一个G1之后用一个G0编程，因为它们不能都有效，所以当 G0 打开时会取消 G1。这些直到被取消或覆盖仍保持有效的代码被叫作模态代码。

4 个主要的用于描述最常见的数控轴运动的 G 代码是 G0、G1、G2 和 G3。其他的代码将会在随后的章节里与它们的应用一起介绍。

1. 快速移位——G0

快速移位是由代码 G0 指定的，这种运动类型用于非常快速地定位机床的轴，这个运动仅用于准备并定位刀具进行加工，并且在这个极其快速的运动中不要接触任何的工件材料。按照其完全的快速移位速度能力的 1500in/min 是很常见的。为了正确地观察，1500in/min 的速度相当于 25in/s。因此，一台中等型号的数控机床能在大约 1s 内覆盖它的整个轴行程距离，并且大多数机床的加速度接近重力加速度 g，一架 F16 喷气式飞机的加速度仅仅大约为 0.7g。因此，每一个参与数控加工的人，从程序设计员到设置的人员和操作者，必须完全地知道可能的干涉和碰撞。大多数机床控制面板允许操作者为了安全原因降低这些快速运动的速度，例如当第一次运行一个新的程序时。

注意

当使用快速运动时要小心，要知道工件和刀具或工件夹持装置和刀具之间有可能的碰撞。

2. 线性插补——G1

线性插补沿着两点之间的直线轨迹移动切削刀具。为了从一点到下一个点，运动可能需要单独一个轴或不止一个轴（对角线运动）。为了在线性插补运动中移动刀具，刀具要定位在线性切割的起点，一到该位置，一个新的程序段使用 G1 和运动的终点来编程，进给速度也必须和新编程的定位一起编程进去。

注意

很重要的是，要记住不是所有的 G 代码和其他的 G 代码都有冲突。例如，G1 代码告诉机床沿着一条直线进给或线性运动，G20 代码告诉机床把给定的坐标转化为英寸单位，这两个代码相互之间不冲突，并且因此能在相同的程序段里编程在一起。然而，如果我们试着把 G1 和 G0（快速定位）编程在一起，冲突就会出现，并且机床会停止运动并提供一个警报信息。

3. 圆弧插补——G2 或 G3

圆弧插补运动使刀具的轨迹沿着一个圆弧行进。用这些运动，数控机床能切割完整的或局部的圆。这些轨迹对铣削如圆弧槽、轮廓上的半径、圆弧腔体和对回转特征（例如球、圆角和半径）是很重要的。

为了切割一个圆弧，刀具首先要通过编程来定位在那个圆弧的起点，一到该位置，给定 G 代码命令来指示刀具行程的方向来生成圆弧。如果刀具行程是沿顺时针从起点到终点，要使用 G2 代码；如果刀具行程是沿逆时针的，要使用 G3 代码。

6.6.2　M 代码

M 代码和 G 代码非常相似，仅仅是它们被用于打开和关闭混合的（辅助的）功能。例如，M8 代码用于打开冷却液，而 M9 用于关闭它；M3 代码起动主轴电动机沿向前旋转方向，M5 停止它；M6 代码激活加工中心的自动换刀装置，但是当换刀完成以后这个代码会自动地把它关闭；M30 代码用于结束程序并把它重置以备下次运行。

G 代码和 M 代码及其应用将在第 8 章中更详细地介绍。图 6-17 所示为一些常用的 G 代码和 M 代码。

6.6.3　其他字地址指令

不是所有的用于数控加工的信息都能用 G 代码、M 代码或坐标位置给出的。程

预备的功能			
代码	铣床	车床	描述
G0	✓	✓	快速定位
G1	✓	✓	线性插补
G2	✓	✓	圆弧插补-顺时针
G3	✓	✓	圆弧插补-逆时针
G4	✓	✓	保压
G9	✓	✓	在交叉点精确的运动停止（非模态，仅一个程序段）
G10	✓	✓	偏移值通过程序入口
G12	✓		圆弧腔体铣削循环-顺时针
G13	✓		圆弧腔体铣削循环-逆时针
G15	✓		在笛卡儿坐标系编程
G16	✓		在极坐标系编程
G17	✓	✓	X/Y平面选择进行圆弧切割
G18	✓	✓	Z/X平面选择进行圆弧切割
G19	✓	✓	Z/Y平面选择进行圆弧切割
G20	✓	✓	英制单位选择
G21	✓	✓	米制单位选择
G27	✓	✓	参考位置回程检查
G28	✓	✓	回程至初始的机床零位置（原点）
G29	✓	✓	从参考点回程
G31	✓	✓	跳跃功能
G32		✓	螺纹切削（单点刀具或丝锥）
G40	✓	✓	刀具半径补偿取消
G41	✓	✓	刀具半径补偿-左
G42	✓	✓	刀具半径补偿-右
G43	✓		刀具高度偏移补偿-激活
G44	✓		刀具高度偏移补偿-取消（一些机床使用G49）
G49	✓		刀具高度偏移补偿-取消（一些机床使用G44）
G50		✓	恒定的表面速度的最大转速设置
G52	✓	✓	局部坐标系设置
G53	✓	✓	机床坐标系设置
G54	✓	✓	工件坐标系设置-#1
G55	✓	✓	工件坐标系设置-#2
G56	✓	✓	工件坐标系设置-#3
G57	✓	✓	工件坐标系设置-#4
G58	✓	✓	工件坐标系设置-#5
G59	✓	✓	工件坐标系设置-#6
G61	✓	✓	在交叉点精确的运动停止（模态）
G64	✓	✓	没有在交叉点精确的运动停止下的正常切削模式
G65	✓	✓	自定义宏调用
G70		✓	精加工车削/端面铣削/镗孔循环
G71		✓	粗加工车削/镗孔循环
G72		✓	粗加工端面铣削循环
G73		✓	不规则粗车削循环（对铸件和锻件）
G73	✓		断屑啄钻孔循环
G74	✓		左旋攻螺纹循环
G74		✓	端面切槽或断屑啄钻孔循环
G75		✓	外径切槽切屑啄循环
G76	✓		精细镗孔循环（没有刀具拖拽痕迹）
G76		✓	自动重复车螺纹循环（单线）
G80	✓	✓	取消固定循环
G81	✓	✓	一次走刀钻孔循环
G82	✓		一次走刀钻孔循环带保压
G83	✓		完全退回啄钻孔循环
G84	✓	✓	带反转的攻螺纹循环
G85	✓	✓	镗孔循环（输入和输出）
G86	✓	✓	镗孔循环（输入和快出）
G87	✓		后面镗孔循环
G90	✓	✓	绝对编程
G91	✓	✓	增量编程
G92	✓		通过程序的重复定位原点
G92		✓	螺纹车削
G94	✓		每分钟 in 或 mm 的进给速度
G95	✓		每转 in 或 mm 的进给速度
G96		✓	恒定表面速度的 SFM 值
G97		✓	固定的主轴 RPM/恒定表面速度取消
G98		✓	每分钟 in 或 mm 的进给速度
G99		✓	每转 in 或 mm 的进给速度
混合（辅助）的功能			
代码	铣床	车床	描述
M00		✓	程序停止
M01	✓	✓	选择性程序停止
M02	✓	✓	程序结束
M03	✓	✓	主轴打开顺时针
M04	✓	✓	主轴打开逆时针
M05	✓	✓	主轴关闭
M06	✓	✓	换刀
M08	✓	✓	冷却液开
M09	✓	✓	冷却液关闭
M10	✓	✓	卡盘、夹头或回转工作台夹紧
M11	✓	✓	卡盘、夹头或回转工作台松开
M19	✓	✓	定向主轴
M30	✓	✓	程序结束并回程至起点
M97	✓	✓	本地子程序调用
M98	✓	✓	子程序调用
M99	✓	✓	结束子程序并回程至主程序

注：大多数机床允许单个的数字代码，即带或不带前面的0（例如G01＝G1）

图 6-17　用于数控编程的常用的 G 代码和 M 代码

序的创建人已经便利地生成了其他的指令，要在它们的功能的第一个字母之后被命名。例如，S 指令指定主轴的速度，一个 3200 r/min 的主轴转速被编程为"S3200"。同样地，T 指令唤起一个需要的刀具编号后文中，F 指令指定一个进给速度。这些指令会在随后后文中被更详细地介绍。

6.6.4　二进制代码

在用户级，几乎所有的数控功能都在程序里被代码控制，然而有时更改那些不能被程序指令控制的设置是很有必要的。一个例子是通信设置的配置来把一个程序从外部计算机转移到机床。这些参数设置经常使用叫作二进制的语言来编写，二进制代码仅仅是由数字"1"和"0"组成的，一个"1"被用于指示"开"或"有效"，一个"0"用于指示"关"或"无效"。二进制参数设置是 8 个长并从 0 到 7 编号的数字，从右向左，如图 6-18 所示。最常见的可以改变的参数通常能在机床控制手册里找到，并且在变更任意的参数之前，参考手册是绝对必要的。机床参数的修改应该只能由有经验的经过授权的人员来完成，一个不当的修改可能引起严重的机床损坏。

参数编号	字节编号							
	#7	#6	#5	#4	#3	#2	#1	#0
0410	1	1	0	1	0	0	0	1

图 6-18　参数编号格式的例子。注意参数编号是 0401，并且字节被从右到左依次读取。每个字节可以是一个"0"或一个"1"

6.7　对话型编程

不是所有的数控机床都必须使用 G 代码 M 代码进行编程的。一些机床有一种允许对话型编程的特殊的 MCU 类型，开发对话型编程的目的是简化机床的编程过程。

当对一个对话型机床编程时，操作者通常会从屏幕上选择预期的加工操作类型，在识别了加工操作以后，机床会概要地提示程序设计员一系列的问题，这些"问题"中最经常的是需要输入数据的文本框。例如，铣削腔体时，程序设计员会首先从菜单里选择"POCKET"选项，然后会出现一系列的文本框，需要程序设计员输入的信息包括主轴转速、进给速度、腔体中心的位置、腔体宽度、腔体长度、腔体深度和在行程之间跨过的距离。一旦所有的必要数据都已经输入，系统会用一种机床能理解的方式自动地进行编程。

不是所有的机床都配置了对话型编程功能，并且方法也有优点和缺点。其优点是需要更少的编程知识，对简单的特征经常能更快地编程，并且能使其在车间的机床上容易执行。其缺点是大多数缺乏灵活性，能完成的仅有的操作是那些由制造商提供的。因为这些原因，对话型编程通常对修理工作、原型设计或小容量生产机床（如数控升降台式铣床和平板车床）是最有用的。对机床制造商来说，提供一台带有手动控制和对话型数控机床是很常见的，以便能依据操作的复杂性决定使机床被用于两种模式中的一种。当大批量生产时要求高效率程序或复杂的机加工情景时，采用 G 代码和 M 代码编程方法的多功能性通常更合适。

6.8　数控程序的组成

就像一封给朋友或商务联系的书信有三个主要部分（称呼、正文和结尾词）一样，一个数控程序基本上可分解成三个主要部分：称呼是"程序安全启动"，正文是"材料去除"，结尾词是"程序结尾"。

注释和备注能被添加到程序里供操作者阅读，这些注释必须被包含在括号里面以便使 MCU 知道不去读取它们。在每个程序段的终点是一个分号（；），这个分号字符被称为一个块字符的结束，当MCU读取到块字符的结束时，它知道要移动到下一个程序段。

各种数控需要程序组成的细节，该程序是按照特定顺序排列的。该排列被称为程序的格式，它的布局取决于控制品牌和型号。为此，我们可一个用于工业（Fanuc品牌）中最标准格式的铣削程序。下面的程序示例已经简化，以显示安全启动的基本部分，但是缺少一些可能使其在实际机器中工作所需要的细节。当引入更多的代码时，完整的格式会在随后的章节中介绍。

6.8.1 安全启动

数控机床很少出现错误，然而，一名刚开始的程序设计员通常会犯很多错误。简明清晰地告诉机床要去执行什么功能是极其重要的。为了去做这些，对机床控制"思考"的方式小心谨慎些是有帮助的。例如，模态代码是有效的，直到机床被告知要执行其他操作。如果程序设计员忘记机床具有运行以前的一个程序的模态代码有效，直到下一个程序要运行它们会仍然有效。因此，在每个程序的开始，故意取消那些不想要的任何模态代码并激活任何必

要的代码是常见做法。这要在程序的最开始来做这些，并且称为"安全启动"。

安全启动部分用一个程序编号开始，这个编号会是程序存储在机床存储器里的编号。很多MCU需要程序编号按照一个格式，即以字母"O"开始随后是4个数字。在给出程序编号以后，必须通过编程一个代码用寸制单位（通常是G20）或米制单位（通常是G21），必须指示控制在程序中使用哪个测量单位，在这个代码以后所有的坐标都要解释为合适的单位。

在命名了程序、指定了测量单位和选择了绝对或增量编程中的一个以后，然后会通过"换刀"操作（M6代码）加载需要的刀具。然后必须告诉机床要使用什么编程技术（绝对或增量）和需要什么运动类型（通常用G0快速移位至加工的第一个位置）。最后，包括指导机床至需要位置的坐标和启动主轴（M3）至需要的转速。图6-19所示的示例显示了三轴数控铣床的安全启动程序部分的基本部分。

6.8.2 材料去除

数控程序的下一个阶段允许程序设计员自由和创造性地来做任何必要的事情，以加工出一个满足图样要求的零件。在这

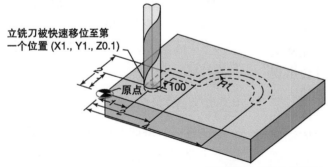

立铣刀被快速移位至第一个位置 (X1., Y1., Z0.1)

原点 100

O0001 (示例程序); — 程序编号和（操作者标签）。因为标签在括号以内，所以它不能被机床读取，只能被操作者读取。

G0G90G20; — 安全启动程序段启动快速移位（G0）、绝对编程（G90）和寸制单位（G20）的模态代码。

M6T1; — 换刀至 #1 刀具。

X1.Y1.(位置"A"); — 快速移位至X1.Y1.（位置"A"）。快速和绝对模式在以上的程序中仍然是模态的，所以在这里它们不需要再进行编程。

Z0.1S4500M3; — 移动Z轴至0.1，启动主轴沿着向前的方向，转速为4500r/min，Z轴移动是一个快速移位，因为G0仍然是有效的。

图 6-19　程序从刀具被装载、主轴被启动和刀具被定位至第一个位置开始

个阶段的目的就是移动切削刀具穿过材料并完成想得到的切削动作。对钻孔来说，定位刀具并通过仅有 Z 轴的运动来移动刀具进入工件；对铣槽、铣腔体或成形切削来说，立铣刀被定位在 Z 轴的期望的深度，然后沿着轨迹在 X 轴和 Y 轴方向移动刀具来生成想得到的形状。成形铣削示例如图 6-20 所示。

6.8.3　程序结尾

最终阶段是安全地定位刀具并把机床轴移开，以便于安全地使工件拆卸和重装。M9 代码用来关闭冷却剂。M30 代码是最后编程的编码，并告诉机床程序现在要结束并复位至一个默认状态，如图 6-21 所示的示例。

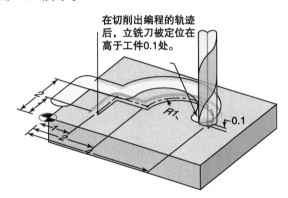

G1Z–0.1F14.0;　——————→　线性轴运动进给刀尖至Z–0.1，按照14in/min的进给速度。

Y2.0 (位置 "B");　————————→　进给移动至Y2.0 (位置 "B")。G1仍然是模态的。

X2.0(位置 "C");　————————→　进给移动至X2.0 (位置 "C")。G1仍然是模态的。

G2X4.0 Y2.0 R1.0(位置 "D");　——→　沿着一个顺时针方向的圆弧进给移动至 X4.0, Y2.0 (位置 "D")，圆弧半径是1.0。

G0Z0.1;　————————————→　快速移动Z轴直到Z0.1。

图 6-20　刀具进给至期望的深度，然后进给至每一个 X、Y 位置，一旦加工完成，再把刀具返回至高于工件的碰撞点

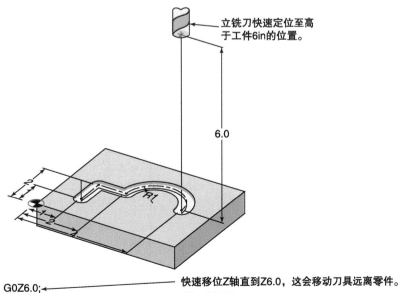

G0Z6.0;　————→　快速移位Z轴直到Z6.0，这会移动刀具远离零件。

M9;　————————→　关闭冷却剂

M30;　————————→　结束程序并复位

图 6-21　刀具快速定位至一个高于工件的位置，冷却剂被关闭，程序被结束

第7章 | **数控车削概述**

7.1　概述

回顾一下，车床是用来生成圆形或圆柱形的零件，通过旋转工件以及牢固地固定切削刀具来去除材料。在这些机床上，Z轴是机床滑动的纵轴方向（像一个钻孔操作沿一个尾座的方向或当使用一个手动机床的溜板来车削一个直径时的运动方向）。和Z轴方向垂直的运动方向是X轴，并且该轴在端面切削过程中有运动（像一台手动机床的中滑板）。大多数数控车床没有Y轴。

图7-1所示为各轴在车削中心中的方向。当编程要车削的零件时，原点通常定位在工件端面的零件中心线处，如图7-2所示。

数控车床的基本框架和手动机床非常相似。回顾一下，车削中心是数控车床加上一台ATC。车削中心专门设计用于批量生产和高的材料去除速度，并且没有手动使用的规定。大多数车削中心有一个倾斜的床身，X轴可以旋转，因此被称为"斜床身"车床（见图7-3）。斜床身车床把刀具和机床工业制品放在工件之后，这使得操作者的工作可见度更好。这样也允许

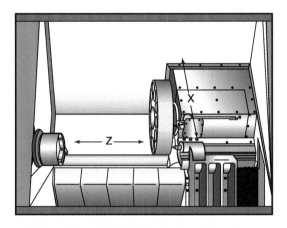

图 7-1　数控车削的坐标系和各轴之间的关系

图 7-2　车削的原点位于工件端面的零件中心线处

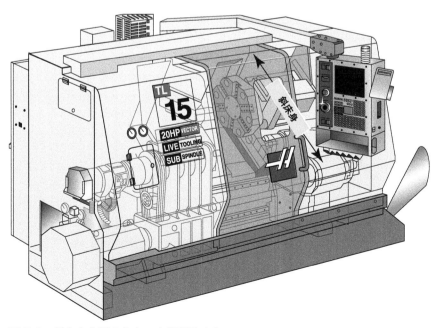

图 7-3　斜床身车削中心有一个倾斜的床身

操作者在设置期间离工件更近。另一个优点是切屑不会累积在机床的床身上，更确切地说是重力使它们从床身上滑落到集屑槽里。

车削中心以针对滑动机械表面的低摩擦直线导轨为特色。使用这些可最大限度地减少磨损、减小摩擦（使得高速进给成为可能），并且由于一个零间隙的预载球轴承设计而允许非常高的精度。

目前，车削中心能够完成车削以外的铣削和其他加工操作。特殊的动力工装附件使得这成为可能。动力工具是小型的电主轴，使车床能够进行轻型铣削和完成孔加工，例如钻孔、攻螺纹和铰孔。动力工具附件可以用于端部加工（用于在一个零件的端面进行加工）、交叉加工（用于钻贯通的孔、铣削键槽等）和可调节的弯头变化加工（见图7-4～图7-6）。

为了提高生产效率和最小化操作者的注意力，车削中心能用于制造车间。制造车间集合了几种在相同的零件上完成操作的不同机床，它们会使用在机床之间转移零件的机器人（见图7-7）。多任务机床也可以使用，以便使重载铣削、车削和钻孔操作能在一台机床上完成（见图7-8）。使用这些机床，一个成品零件可以从原材料生产而不用离开机床。

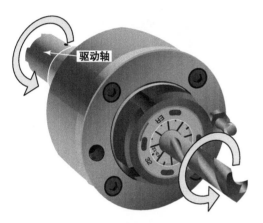

图7-4　用于铣削和在零件的端面上完成孔加工操作的端部加工动力工具附件

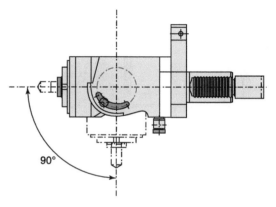

图7-6　可调节的弯头动力工具附件允许角度铣削在车削中心上完成

图7-5　用于铣削和在零件的外径上完成孔加工操作的交叉加工动力工具附件

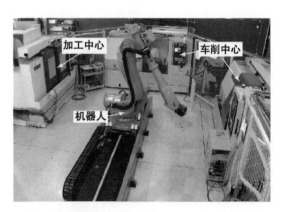

图7-7　有机器人的制造车间能通过最小化操作者的干涉来提高生产率。工件在机床之间可以通过机器人转移

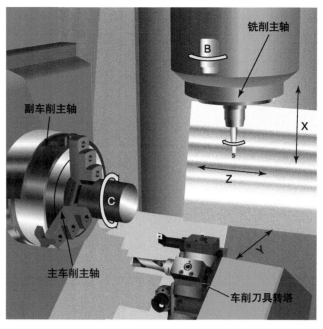

图 7-8 一台能够完成重载车削和车削操作的多任务机床的内部

在任意类型的生产加工中，一台机床越能更高效率地从开始到结束完成一个工作而不需要操作者的干预，就会越好。当生成车削零件时，总是有一个问题，就是不能加工被工件夹持装置所固定的工件的端部。车削中心带有一个被称为副主轴的特点，可以克服这个障碍（见图7-9）。相对于轴副主轴是附加的次要主轴。副主轴配置有一个卡盘并且可以传输到主主轴、抓住零件，然后回程至机床的尾座端部以对零件的后部进行加工。整个零件转移能在机床门从来不打开的情况下发生或从机床取下零件。实际上，很多机床甚至能在不停止主轴旋转的情况下完成这个转移。

图 7-9 相对于机床主主轴的副主轴。工件能从主主轴转移到副主轴，所以工件的后部能被加工

7.2 车床的类型

7.2.1 转塔车床

大多数车削中心都安装了圆形的转塔，在上面安装了所有的刀具。这个转塔相当于 ATC，用编程来转位（旋转）和定位想要的刀具来完成加工操作。这些机床有能力接受各种各样的刀具安装连接器，这些连接器用于把刀具的刀柄安装在转塔上并把刀具夹持在需要的位置和方向。图 7-10 所示为转塔车削中心。

转塔车床受欢迎是由于它们具有在一个小的空间安装很多数量的刀具的能力。一些转塔车床甚至安装有多个转塔。另外，转塔能同时加工零件，提高了生产效率（见图 7-11）。

7.2.2 组合刀具车床

另一个常见的车削中心设计是组合刀具车床。这些类型的机床是一种典型的平床身设计，并且安装了一个溜板（和手动机床相似），用于安装刀具。大多数机床把刀具相互紧挨着（"聚集在一起"）排成一行放在溜板上（见图 7-12）。

图 7-10 圆形转塔固定了多把刀具，并且能用程序指令转位到任意一把刀具

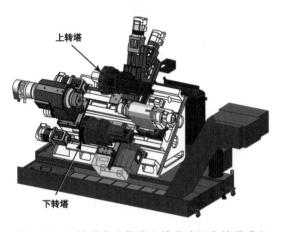

图 7-11 双转塔车床能独立地移动两个转塔进行加工

图 7-12 组合刀具车床的上溜板带有排成一行的刀具

用一个组合刀具机构，机床能通过移位上溜板一小段距离快速完成换刀，从现在的刀具换到另一把刀具。组合刀具车床固有性地具有刚性好、精度高的优点，还是一个使用了很少运动件的极其简单设计。组合刀具车床通常是那些需要短刀具（当

在短刀具旁时，长刀具能遇到碰撞问题）和小的机床 X 轴行程（由于被上滑板的长度使用的空间）的小零件加工的理想选择。图 7-13 所示为组合刀具车削中心。

图 7-13 组合刀具车削中心

7.2.3 数控车床

数控车床没有 ATC，刀架安装在中滑板上，和手动机床非常相似。经常用于手动机床的刀架也用于这些机床。通常可转位刀架或者快换刀架被选择用来允许手动快速地更换刀具。使用这种类型的刀架，当程序指导操作者时，刀具切换是通过手动转位刀架到各个制动位置来完成的。这些刀架中的一些有快速切换的特点，这样能允许燕尾状的刀夹能被快速精确地松开和替换。图 7-14 所示为数控车床的刀架。

7.2.4 瑞士车削中心

瑞士螺杆车床是在瑞士进行开发的，用于生产在钟表上使用的小零件。目前，这些车削机床有完整的数控装置，并能为医学、电子、国防和其他工业制作各种各样的小零件。瑞士机床是独一无二的，因为工件一直被导套支持着来稳定它并防止它发生偏斜和振动。取代了移动刀具，当工件被导套支持时，整个工件可以沿 Z 轴方向移动（见图 7-15）。很多的瑞士机床夹

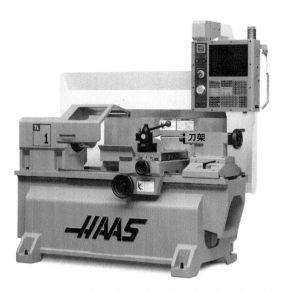

图 7-14　数控车床使用刀架夹持切削刀具，和用在手动机床上的相似

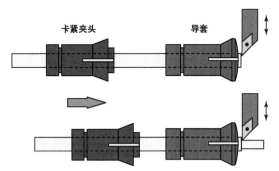

图 7-15　瑞士车床沿 Z 轴方向移动整个工件而不是移动切削刀具

持刀具是并行地排列在多个机床滑块上的，这些滑块能够独立地从一个地移动到另一个地方，以提高生产效率（见图 7-16）。

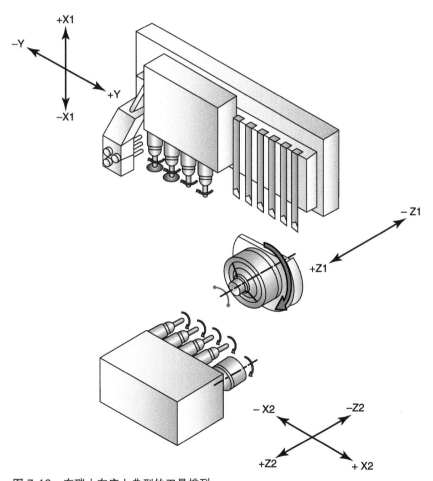

图 7-16　在瑞士车床上典型的刀具排列

7.3 刀具安装

不同样式的车床可以容纳的刀具不同。转塔车床通常有螺栓紧固的机床刀具安装连接器，或者是有一种被人叫作 VDI（德国工程师协会）的刀具安装连接器。螺栓紧固的刀具安装连接器直接安装在转塔表面，或者用螺栓安装在转塔外缘上（见图7-17）。

VDI 刀具安装连接器被制作成标准化的样式，允许它们在机床品牌和其他品牌之间进行互换，并且有更换更快的优点。VDI 连接器有带有锯齿状样式的圆形刀柄，安装和拆卸 VDI 刀具是通过旋转一个螺钉来完成的。为了安装，刀柄被插进一个孔并且拧紧夹紧螺钉。随着螺钉被拧紧，刀柄齿和转塔的 VDI 夹紧机构里的配对齿相啮合。大多数 VDI 连接器在刀具连接器的边缘配置了一个事先调整的参照衬垫来使连接器和机床主轴自动地成直角。图7-18 所示为转塔车床的 VDI 刀具安装连接器。

燕尾状的夹钳通常用于在组合刀具车床和数控车床上的快换刀架上安装刀具。在组合刀具车床上，刀具连接器是滑进顶板上的水平燕尾，并用一个相配合的燕尾夹紧机构紧固（见图7-19）。刀架容纳与手动机床使用的相同样式的刀夹（见图7-20）。

一般来说，不管是什么样式的机床，都会使用相同类型的切削刀具。切削刀具的常见加工类型包括 OD（外径）车削、OD 开槽、ID（内径）开槽、车螺纹、切断、镗孔、钻孔、铰孔和攻螺纹。这些刀具用于数控车削中心时，夹持它们的方法会有一些不同。

1. 孔加工刀夹

数控孔加工刀具和那些用在手动机床上的刀具相同。这些刀具的硬质合金类型经常被选择用来允许高的切削速度和最大化的刀具寿命。当安装这些刀具时，可以使用爪型的钻头卡盘，但是通常选择夹头卡盘和钻头衬套来代替，因为它们紧凑、精确，并且不容易因为暴露在冷却剂中而损坏。

数控夹头卡盘是非常通用的并且经常被用于夹持很多不同类型的孔加工刀具（见图7-21）。数控夹头卡盘由一个带锥形孔的圆形直柄组成。轴端颈圈用螺纹拧在夹头卡盘端部的外螺纹上，并且在用力把它拧进锥形孔时紧固夹头。一些最常见的夹头卡盘类型是 ER 系列、DA 系列和 TG 系列（见图7-22）。

图 7-17　这种类型的刀具夹持连接器用内六角螺钉直接连接到转塔上

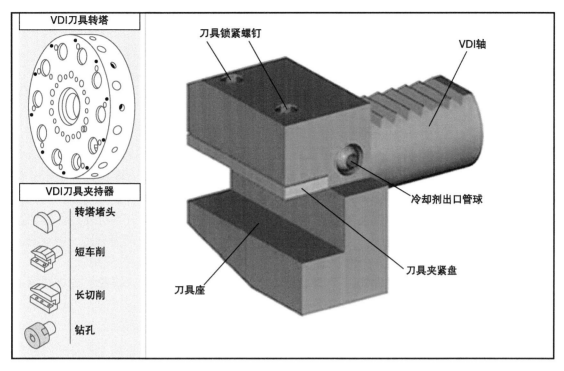

图 7-18　VDI 刀具夹持连接器用 VDI 柄安装在转塔上，这个连接器用锯齿状的齿拉紧在转塔上

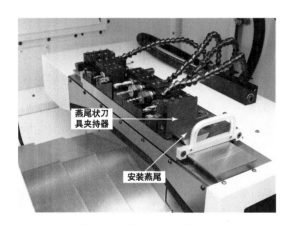

图 7-19　用在组合刀具车床上的燕尾安装系统

图 7-20　用于数控车床的快换刀具夹持器

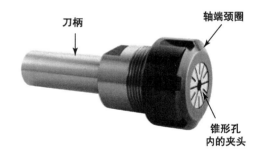

图 7-21　用于夹持孔加工刀具的数控夹头卡盘

这些夹头经常被称为弹簧夹头，因为一个单独的夹头已足够灵活来适应一系列的尺寸，一个 ER 式样的夹头有一个大约 0.040in 的系列，DA 式样和 TG 式样的夹头有一个大约 0.015in 的系列。在这些夹头中，TG 夹头是最精确的。TG 夹头上的锥度不是非常大，这会使得夹头和它的孔之间产生非常好的同轴度。用于固定 TG 夹头的轴端颈圈通常有一个浮动球轴承组件，所以当被固定时，有最小的变形和错位。

图7-22　从左到右所示的夹头类型分别是 ER 系列、DA 系列和 TG 系列

分裂的钻套也能用于夹持孔加工刀具。分裂的钻套相当于刚性的夹头（带有非常少的裂缝），并且有一个直的、无锥度的外径。分裂的钻套不是使用带锥度的孔来紧固刀柄的，而是被直接放进一个圆柄刀具连接器的直孔里。这些衬套在外径上加工了一个小的平面，并且通过固定一个固定螺栓顶到平面上来固定刀具，从固定螺栓来的外部的压缩力把刀具限制在衬套内，把衬套固定在夹持器上。钻套有非常小的尺寸范围（0.001in 左右），所以它们必须直接按照它们要夹持的刀柄进行尺寸分类。图7-23 所示为 Hardinge HDB 钻套。

2. 外径工作刀具夹持器

作为和硬质合金及其他高科技切削材料的优点的交换，很多机械工业已经摆脱使用 HSS（高速钢）刀具进行数控车削量产操作。HSS 刀具会在车削中心中工作，但是受限于它的刀具寿命。目前，大量的硬质合金几何体、等级、形状和式样是可以使用的，以致于可以找到一个能很好地适合于几乎任何应用的刀片。硬质合金刀片是仅有的和要固定在它上面的夹持器一样贵重。

外径车削和车螺纹的刀具夹持器有右边的、左边的和中立方向的。一把中立的刀具不指向左或者右，但是是瞄准直的。这种类型的夹持器几何体对外径仿形切削是必要的。图7-24 所示为右边、中立和左边车削的刀具以及它们的应用。

为了确定左旋夹持器或右旋夹持器对车削应用来说是否是必须的，需要考虑三个要素：①在没有空隙的前提下，刀片能否符合轮廓的形状？②哪一个方向刀具会切削，朝向主轴箱或者远离主轴箱？③刀具被安装在机床上是上面朝下还是右面朝上？很多车削中心允许刀具上面朝下安装，并在主轴中心线后面（斜床身车床），这样可使用向前的主轴旋转方向。

3. 切槽和切断刀具夹持器

有些刀具夹持器可以同时用于车削和切槽，这些刀具可以切入零件，生成槽，然后向侧面进给，生成车削的直径或轮廓（见图7-25）。这种多特征组合制造了一把非常通用的刀具。

应该注意的是，切槽刀具与切断刀具或分割刀具的设计之间是有轻微区别的。

因为切断刀具的设计用于切断机床上

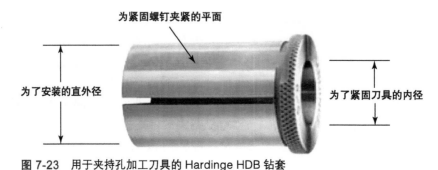

图7-23　用于夹持孔加工刀具的 Hardinge HDB 钻套

的旋转零件，刀片通常有尖角，所以在分开的零件上可形成最小的毛刺。很多制造商已经朝尖角刀片向前迈出了一步，并且有尖角的切削刃朝向正在被切断的零件。这个几何体首先在刀具的工作面取得"突破"，使得在完成的零件上的毛刺最小化（见图 7-26）。

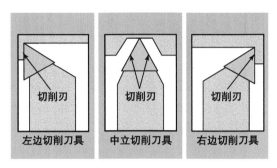

图 7-24　车削刀具的方向

图 7-25　切槽 / 车削刀具在两个台阶之间生成一个车削直径

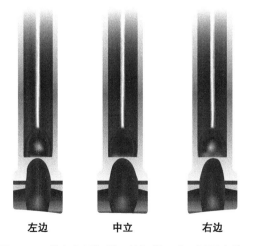

图 7-26　带有偏置切削刃的切断刀片可以用来使正在被切断的零件的毛刺最小化

切槽刀片可以利用很多不同的形状和尺寸，并且通常有一个成直角的切削刃或一个完整的半径。切槽刀具可以用于切断操作。图 7-27 所示为切断刀具和外径开槽刀具。

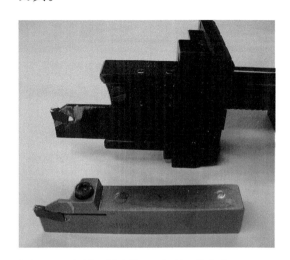

图 7-27　切槽刀具在前面，切断刀具在后面

4. 内径刀具夹持器

镗孔、车内螺纹和切内沟槽操作使用一个棒来夹持住切削刀具。安装在这些棒类型夹持器上的刀片通常和那些用于外径操作的刀片是完全相同的。很多为数控机床准备的内径操作的刀具夹持器也有冷却剂通路，通路通过它们的刀柄在刀片处是出口，所以冷却剂直接流进切削区域。

5. 棒料拉杆和棒料进给器

棒料拉杆和棒料进给器是附件，用于使给定的机床尽可能的自动化，并且需要操作者尽可能少的注意力。棒料拉杆是安装在转塔上的工具，并且当已经编程时能够靠近在一个零件已经被切断后剩余的棒料、抓住棒料并在工件夹持装置松开以后，把棒料拉出至想要的长度。所有的这些功能都是可编程的。棒料拉杆可以利用的有很多形式，包括夹环型、弹簧爪型和冷却剂动力的液压型（见图 7-28~ 图 7-30）。

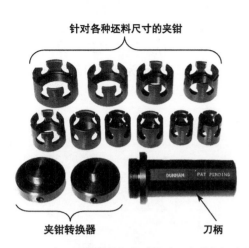

针对各种坯料尺寸的夹钳

夹钳转换器　　刀柄

图 7-28　夹环型棒料拉杆通过滑动一个弹簧钢齿的环在棒料的周长上来夹住棒料末端

图 7-29　弹簧爪型棒料拉杆通过使用机床的 X 轴运动来滑过坯料以抓住工件

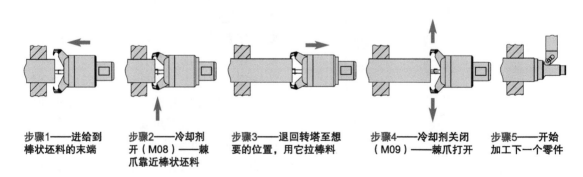

步骤1——进给到棒状坯料的末端

步骤2——冷却剂开（M08）——棘爪靠近棒状坯料

步骤3——退回转塔至想要的位置，用它拉棒料

步骤4——冷却剂关闭（M09）——棘爪打开

步骤5——开始加工下一个零件

图 7-30　这个冷却剂驱动的棒料拉杆的爪使用机床冷却系统的液压压力来抓住坯料

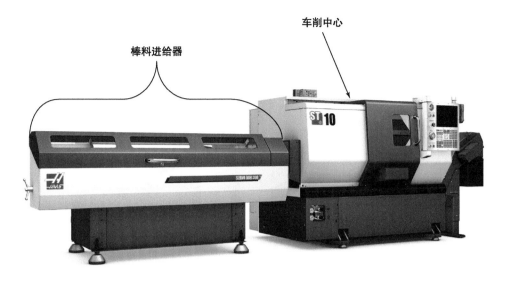

图 7-31　车削中心带有自动棒料进给器

棒料进给器安装在机床主轴箱的外面，和主轴中心线同轴，并且能够容纳整个长度的棒料（见图 7-31）。棒料在进给器管里旋转并且进给器控制棒料突然抽出时的平衡。随着一个工件在加工循环的末尾从棒料上被切割下，工件夹持装置会松开夹钳并且进给器会从主轴孔里推出足够长度的材料，以便能生成下一个工件。

7.4　工件夹持

数控车削时工件夹持装置的选择要基于工件的尺寸、形状和样式。在数控车床上的工件夹持装置和那些用在手动车床上的相似。最常见的是三爪卡盘、四爪卡盘、套爪卡盘和车床顶尖。数控车床通常使用简单的、手动操作的卡盘和夹头闭合器。车削中心通常使用自动的动力卡盘和动力夹头闭合器，它们是通过一个程序命令由使用机床的液压或气动动力驱动的。没有副主轴的机床经常有尾座，允许工件被夹持在顶尖之间或支持长的需要卡紧的工件。

7.4.1　工件夹持夹头

从以前的章节中可知，夹头提供了很多的优点，包括非常精确的零件与零件之

间的重复性和非常小的跳动。而且，在所有的工件夹持装置中，夹头有和工件之间最大面积的接触。这会帮助把夹紧压力非常均匀地分布在零件的整个外表面，这就防止了变形和毁坏。因此，夹头通常是薄壁中空零件或管件装夹的理想选择。

爪式卡盘有很重的爪，当使用高的主轴速度时，爪会在离心力的作用下被拉开。因为夹头没有像卡盘一样很重的爪，所以它们能在高速下运转，而且没有失去夹紧力的风险。夹头还有在主轴孔内的优点，而不是凸出主轴的轴端几英寸，这能提供刚性、精度和使主轴轴承的磨损低。图 7-32 所示为在数控车削中心的主轴轴端的夹头。

因为夹头安装在主轴孔的内部，所以它们能通过的最大直径通常比主轴孔小。这就在最大的工件直径方面产生了局限性。这就需要一个特别尺寸的夹头来满足每一个工件直径，所以需要多种尺。而且，记住夹头实现它的夹紧作用是通过被拉回到锥形的孔里。夹头会在获得预设的夹紧压力时停止缩回。因此，当使用夹头时，零件直径的波动对零件直径的定位会产生影响（这能引起零件精加工长度的波动）（见图 7-33）。

图 7-32 数控车削中心利用夹头夹持工件

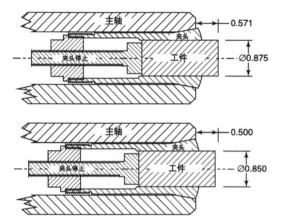

图 7-33 这个夸张的示例说明了直径波动是怎样影响零件长度定位的。上图中的工件直径测量值是 0.875in，当顶着夹头停止夹紧时从主轴端面测量是 0.571in。下图中的工件有相同的长度，但是工件直径测量值仅为 0.850in，并且到它获得和前面的示例相同的夹紧压力时会向后拉大约 0.070in 或更远。在意料之中的是，当使用"C"样式的夹头（5C、16C、20C 等）时，直径每变化 0.001in，零件定位长度会变化大约 0.0028in

7.4.2　工件夹持卡盘

　　与夹头相比，卡盘通常有更大的跳动和更低的重复性。另外，它们还有低转速的局限性。然而，卡盘更通用，因为它们能夹持一个更宽广的直径范围，并且能用于夹紧工件的外径或内径。动力爪式卡盘也能配置铁卡爪，它能被加工到精确地容纳一个特别的工件直径或形状。因为这些

通用性的原因，很多的车削中心都配置了卡盘进行多用途车削。图 7-34 所示为数控车削中心的三爪动力卡盘。

图 7-34　数控车削中心的三爪动力卡盘。这个机构使用铁卡爪，卡爪要加工成匹配工件的外径

7.5　工艺策划

　　在数控车削中心上完成的标准操作和那些在手动车床上完成的非常相似。典型的操作包括车削、端面车削、车螺纹、孔加工、切槽和切断。其中的每一个单一任务本质上被称为一个操作。在一个零件的加工中，所有操作的整体被称为制造工艺。

　　在程序编制或设置机床之前，工程图样必须要严密地检查，并且零件的生产从开始到结束都要策划，工件夹持装置、刀具和加工操作的策划取决于零件的特点、图样要求的公差和表面粗糙度。一旦一个周密的策略被确定来生成一个零件，步骤就会被细化在一个叫作工艺计划的文件里。这个计划包括对每个操作、需要的刀具、速度和进给数据、工件夹持信息、其他的注释和意见，以及经常描绘零件指向的草图。这个文件不仅对零件的初始编程重要，而且可以作为将来会运行这个零件的任何安装人员或操作者的参照。一旦完成了这个策划，刀具就会被记录在一张刀具设置清单上。

数控车削编程

第8章

8.1 概述

编写与所有的机床控制型号兼容的数控程序没有标准化的格式。每一个 MCU 制造商都开发了其独特的编程格式，每一个都有微小的差别，但是在一个程序中所包含的原理是相同的。

在本章中所提供的编程示例紧密地和 FANUC 型控制器相关，其原理适用于任何制造商的编程格式（见特殊机床的编程指南）。

8.2 车削的坐标定位

一些数控车床允许使用两种方法来编程 X 轴坐标：直径的或半径的。当采用半径编程时，所有的 X 坐标以零件的半径形式给定，这些坐标是从零件中心线起的实际距离。这个方法经常需要额外的计算，因为很少有图样将它们的圆柱特征从中心线以半径形式进行尺寸标注。

当机床采用直径编程时，所有的 X 坐标都被表达成直径。这通常是首选的方法，因为大多数图样的圆柱特征的尺寸被显示为直径。在这种情况下，数字能直接从图样上取得并书写为程序坐标。对一些初级阶段的程序设计员，直径法容易令人混淆，因为 X 轴程序坐标是从零件中心线起实际距离的两倍。图 8-1 所示为零件采用直径

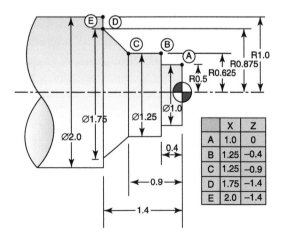

图 8-1　在这个示例中所示的是直径法的 X 轴坐标

法的 X 轴坐标。图 8-2 所示为零件采用半径法的 X 轴坐标。本章其余的示例使用的是直径法。

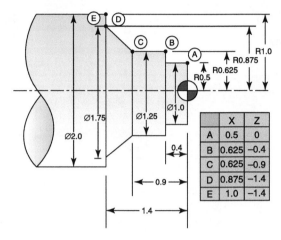

图 8-2　在这个示例中所示的是半径法的 X 轴坐标

8.3 车削运动的类型

8.3.1 车削的快速移位——G0

快速移位用于切削刀具的快速定位，快速移位在数控车床上执行时必须非常小心，以免发生碰撞。需要特别注意切削刀具的不同长度和它们到其他的机床零件及工件的距离。另外要思考在快速移动之前和结束时的位置。例如，如果刀具是内径工作刀具，在 X 轴进行快速移动之前要确保它从零件的内径中缩回，或移动到换刀位置。随着刀具靠近工件，要确保有足够的间隙来防止碰撞。切削刀具在快速移动中不要接触工件。

8.3.2 车削的线性插补——G1

线性插补意味着机床同步一个（或多个）轴的运动来使刀具沿一条直线运动。为了这样做，机床必须精确地同时开始移动每一个轴，按照合适的进给速度移动它们，并精确地同时在预期的位置停止移动两个轴。为了在车削中心上采用线性运动移动刀具，G1 指令要和运动的终点位置的

坐标一起。进给速度必须和新编程的位置相伴随。在 G1 程序段里，车床进给速度被表达成 F 字母后跟随着进给速度值。速度指令是模态的，并且如果速度指令没在程序段里编程，则最后编程的速度仍然有效。

数控车削的进给速度可以被表达为英寸每分钟（IPM）或英寸每转（IPR）。对车削来说，IPR 更常见。模态 G 代码必须要编程来设置机床的控制为预期的单位。在很多机床中，G98 用于设定 IPM，G99 用于设定 IPR。一个很好的做法是在程序的开始，即安全启动程序段里包含期望的进给速度单位的设置。图 8-3 所示为在两点之间线性运动的示例和相应的程序代码。

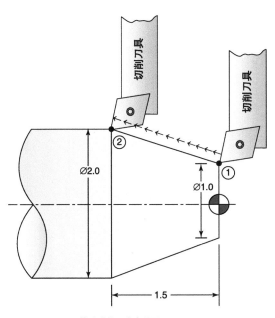

G0 X1.0 Z0.1 (快速移位至安全平面);
G1 Z0 F0.005 (进给至位置1，进给速度是 0.005 in/r);
X2.0 Z−1.5 (进给至位置 2);

图 8-3　在车床上，两点之间的线性运动能用于生成直的直径或锥形

8.3.3　车削的圆弧插补——G2 和 G3

数控车削中心也能用刀尖进行圆弧运动，以加工圆角和半径。为了编程加工一个圆弧，刀具必须首先定位在起点，即圆弧开始的地方，一到该位置，就给出一个 G 代码来指示圆弧的方向是顺时针或逆时针。如果圆弧从起点到终点沿顺时针旋转，就使用 G2 代码；如果圆弧从起点到终点沿逆时针旋转，就使用 G3 代码。在大多数车削中心上，切削刀具在工件的背面，因此 G2 会生成圆角类型的半径（内拐角半径，见图 8-4），G3 会生成外拐角半径（圆拐角，见图 8-5）。

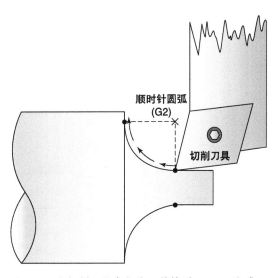

图 8-4　当切削刀具定向在工件的后面，G2 生成凹面半径

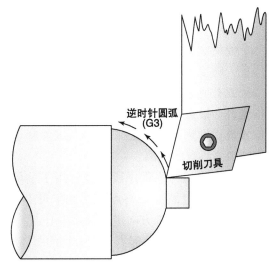

图 8-5　当切削刀具定向在工件的后面，G3 生成凸面半径

图 8-6 所示为关于有圆弧的重要零件的示踪图解说明。在编程之前和这些零件中的每一个变得熟悉是很重要的。在切削圆弧之前，切削刀具必须用一个标准的 G1 或 G0 定位在圆弧的起点。当刀具在适当的位置后，给出圆弧方向的编程代码，程序设计员必须识别圆弧要停止的终点（记住此时刀具已经在起点）。关于圆弧的尺寸信息也必须在相同的程序段里提供。有两种方法可以用来编程圆弧的尺寸：一种是通过编程一个半径值，另一种是通过识别圆弧的中心点。

的方向是很必要的。图 8-7 所示为定义圆弧中心的方法，图 8-8~图 8-10 所示为使用圆弧中心法从零件图样而来的圆弧插补练习。

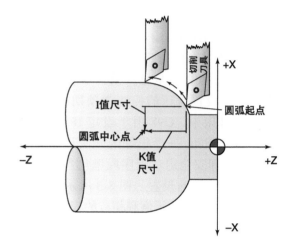

图 8-7　圆弧中心位置被图中 I 和 K 字母标识出来

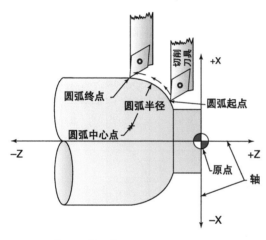

图 8-6　有圆弧的零件

1. 圆弧插补的圆弧中心法

使用圆弧中心法的目标是确定准确的位置，哪里是圆弧的中心点位置。如果一个圆弧被画在一张纸上，把这想作为一个指南针会被放置的位置。在程序里，这个位置被识别为沿着 X 轴和 Z 轴从圆弧起点到圆弧中心点的距离。

记住圆弧切削程序段已经使用了字母 X 和 Z 来确定圆弧的终点，因此字母 I 和 K 用于在 X 和 Z 轴方向定义圆弧中心点。I 是沿 X 轴方向从圆弧起点到中心点的距离，K 是沿 Z 轴方向从圆弧起点到中心点的距离。使用＋或－号来指示从起点到中心点

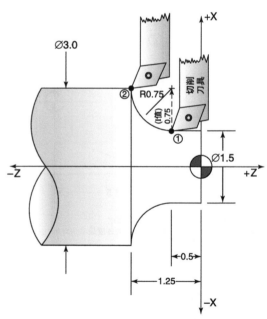

G1 X1.5 Z-5.0 F0.005（进给至位置 1）;
G2 X3.0 Z-1.25 I 0.75 K0（圆弧切削至位置 2）;

图 8-8　使用圆弧中心法切削圆弧的编程代码 1。在这个示例中，K 值是零

2. 圆弧插补的半径法

当使用圆弧插补时，半径法可以替代圆弧中心法用来确定圆弧的尺寸。这个方法更常见，并且在 G2/G3 程序段里使用字母 R 来定义圆弧半径。图 8-11 和图 8-12 所示为使用半径法从零件图样而来的圆弧插补练习。

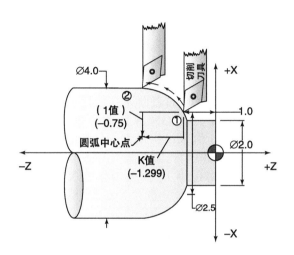

G1 X2.5 Z–1.0 F0.005 (进给至位置1);
G3 X4.0 Z–2.299 I–0.75 K–1.299 (圆弧切削至位置2);

图 8-9　使用圆弧中心法切削圆弧的编程代码 2

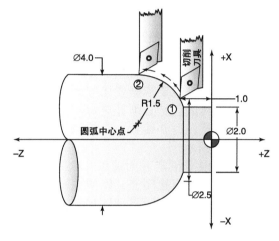

G1 X2.5 Z–1.0 F0.005 (进给至位置1);
G3 X4.0 Z–2.299 R1.5 (圆弧切削至位置2);

图 8-11　使用半径法切削圆弧的编程代码 1

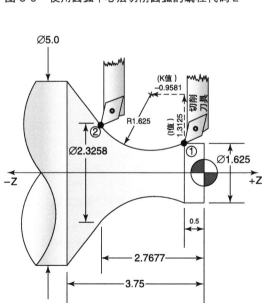

G1 X1.625 Z–0.5 F0.005 (进给至位置1);
G2 X2.3258 Z–2.7677 I–1.3125 K–0.9581
(圆弧切削至位置2);

图 8-10　使用圆弧中心法切削圆弧的编程代码 3

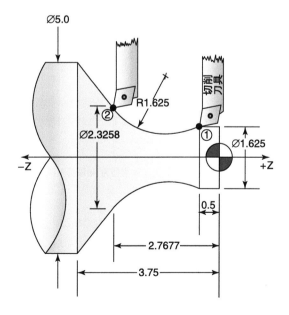

G1 X1.625 Z–0.5 F0.005 (进给至位置1);
G2 X2.3258 Z–2.7677 R1.625 (圆弧切削至位置2);

图 8-12　使用半径法切削圆弧的编程代码 2

8.4　无轴运动指令

8.4.1　切削的主轴速度

数控车削的主轴速度可以用两种不同方法中的一种来编程。直接转速编程法允许主轴转速被直接编程为一个固定的速度并用 G97 代码激活。机床主轴使用 M3 启动进行向前旋转，M4 用于反转，M5 停止主轴。允许主轴启动的程序段通常跟在程序的安全启动程序段后，如下：

G97 S1200 M3;

这个方法需要依据要切削的直径来计算速度，其优点是必须针对每个不同的直径尺寸计算转速并编程。直接转速编程法如图 8-13 所示。

可以根据恒定表面速度（CSS）的特点来代替使用直接转速，以便主轴转速能依据正在切削的直径自动地更新（横穿刀具的切削刃的表面速度是一直恒定的）。编写一个 G96 代码并且假设切削速度按照表面英寸每分钟来激活这个特征。当使用 CSS 时，机床通过使用刀具的 X 轴位置（这是正在切削的直径）和编程的表面速度来实时地更新主轴转速。随着正在切削的直径越来越小，转速会增加。

在小直径的表面使用 CSS，能导致主轴转速超过机床或工件夹持装置所能处理的限度，所以必须设定一个最大的转速极限。当编程 CSS 时，主轴在恒定表面速度开启前，必须首先使用 G97 按照直接转速模式启动，然后通过编写两个连续的程序段来激活 CSS，一个使用 G96 来设定 CSS，与之一起的表面速度使用 S 值来设定；另一个使用 G50 来限制主轴的转速，并用一个 S 值来设定最大的转速。恒定表面速度不适用于孔加工操作（钻孔、铰孔、攻螺纹、锪孔等），因为编程的 X 轴的孔加工刀具的坐标一直为 X0。图 8-14 所示为使用 CSS 的编程示例。

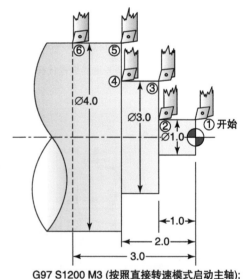

⌀1.0in计算的转速	1200r/min
⌀3.0in计算的转速	400r/min
⌀4.0in计算的转速	300r/min

G97 S1200 M3 (启动主轴，按照直径为1in设置直接转速);
G0 X1.0Z0.1 (快速移位至位置1);
G1 Z–1.0F0.005 (进给至位置2);
X3.0 (进给至位置3);
S400 (按照直径为3in设置转速);
Z–2.0 (进给至位置4);
X4.0 (进给至位置5);
S300 (按照直径为4in设置转速);
Z–3.0 (进给至位置6);

图 8-13　当使用直接转速模式时，主轴的转速必须计算并且对每个直径变化进行编程。图中所示为一个零件示例和相应的程序示例

G97 S1200 M3 (按照直接转速模式启动主轴);
G0 X1.0Z0.1 (快速移位至位置1);
G50 S3000 (设定最大的转速极限为3000r/min);
G96 S300 (设定表面英寸每分钟值为300);
G1 Z–1.0F0.005 (进给至位置2);
X3.0 (进给至位置3);
Z–2.0 (进给至位置4);
X4.0 (进给至位置5);
Z–3.0 (进给至位置 6):

图 8-14　当使用恒定表面速度（G96）时，主轴转速会根据正在切削的直径自动调整。转速是基于切削刀具的 X 轴位置来计算的。图中所示为一个零件的示例和相应的程序示例

8.4.2　换刀指令

当给出一个 T 指令时，车削中心会执行一次换刀。很多的车削中心接受换刀指令的格式为 T××××，每个 × 是一个数字。T 后面的第一对数字指定刀具库在转塔或上溜板上的编号，第二对数字指定刀具偏置编号，它告诉机床刀尖位于哪里。机床必须知道每把刀具的刀尖位置，一旦该位置在机床设置中确定以后，它就会被存储在 MCU 里作为一个编号的刀具偏置值。指令 T0101 会执行一次换刀至刀具库 #1，并激活刀具偏置 #1。

大多数加工中心（铣削）必须给出 M6 代码来完成换刀操作，但是大多数车削中心只要简单的 T×××× 指令。要确保转塔或上溜板在一个安全位置以备换刀。因为如果太近，长的刀具可能碰撞工件夹持装置或工件。一些机床允许设置一个“安全分度”位置，用于所有的换刀情况。参照特殊机床的编程指南。换刀指令经常被添加到主轴启动程序段，如下：

G97 M3 S1000 T0101;

8.4.3　顺序号

顺序号放在每个程序段代码的开头来作为每个程序段的标签。它们也能偶尔（而不是在每个程序段）用于贯穿程序来作为标记，以快速地找到一个程序的特殊部分。每个顺序号以字符 N 开始，并且按照增序（如 N2、N4、N6、N8 等，或 N5、N10、N15、N20 等）。在大多数机床中，数字之间的增量没有关系，只要它们按照连续的增序。很多的程序设计员更喜欢数字分开的顺序号（而不是 N1、N2、N3、N4 等），以便程序后面编辑和插入额外的程序段。

顺序号在大多数现代机床上是可以选择的，但是对某些类型的操作可能是必需的。

8.4.4　程序停止指令

两个 M 代码中的一个可以用于引起一个程序停止或保持住，直到按 MCU 上的循环启动按钮来重新开始。这些通常在换刀之前或换刀后立即嵌入，以允许零件或刀具的检查。

M0 指令是一个完全停止指令，并且经常需要操作者通过按操作面板上的循环启动按钮来重启程序。它能用在当一个零件必须要重定位、切屑必须要清理或再继续加工之前检查一个关键尺寸时。M1 指令是一个选择性停止指令。需要打开操作面板上的开关，以便机床读取这个选择性停止指令并且暂停这个程序。它经常用于当第一次运行一个新程序时，在程序被证明安全和正确以后，选择性停止开关就可以关闭，并且程序会忽略这个 M1 指令。

完全停止或选择性停止指令应该单独编写在一个程序段里。选择性停止指令可以如下：

G97 M3 S1000 T0101;
M1;

如果想得到完全停止指令，要使用下列代码：

G97 M3 S1000 T0101;
M0;

8.4.5　安全启动、主轴启动和换刀／刀具偏置指令的总结

在程序最开始给出的代码用于安全地建立默认程序设定，G90 设定绝对定位，G20 设定寸制单位。图 8-15 所示为在包含

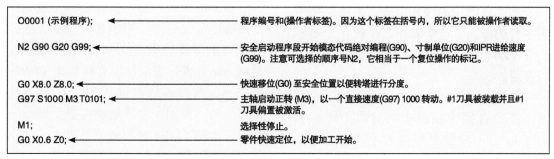

图 8-15　在包含安全启动的数控车削程序里最开始的几个代码程序段

安全启动的数控车削程序里最开始的几个代码程序段的例子。

8.5 加工操作

8.5.1 冷却剂 M 代码

M3、M4 和 M5 代码控制机床主轴，其他的几个 M 代码用于机床关闭和打开冷却剂。这些冷却剂代码能和主轴指令代码一样用在相同的程序段里。通常在加工开始前，当刀具快速靠近工件时，冷却剂打开；在换刀之前，当刀具从工件退回时，冷却剂关闭。三个常见的冷却剂指令如下：

M7　雾状冷却剂开

M8　射流状冷却剂开

M9　冷却剂关

不是所有的机床都会有雾状或射流状冷却剂的选择，它们或许仅有一个，所以要为给定的机床冷却系统类型选择合适的代码。

一些机床能使用下面的代码同时启动主轴和打开冷却剂，它们不会在雾状或射流状冷却剂之间进行选择，通常会打开机床的默认冷却剂系统。此外，应检查机床使用指南来确定哪一个代码适用。

M13　主轴沿顺时针旋转，冷却剂开。

M14　主轴沿逆时针旋转，冷却剂开。

8.5.2 端面车削

端面车削操作通常是在回转零件上完成的第一个操作。这个操作的目的是生成一个和零件的中心线相垂直的平面，来作为零件的端面。这个表面通常建立 Z 轴零位置（Z0），并且所有的其他表面根据它进行参照。

通常，如果要车削的端面相当光滑，并且必须去除很少的材料（约小于 0.020in），一个按照精加工进给速度的端面车削是需要的。如果要去除更多的材料，

零件有铸件屑皮或者非常粗糙，则至少要完成一次粗车和一次精车。当考虑最终端面车削要去除的材料量时，最好开始就要确定精加工刀具的刀尖半径。一旦这个确定了，粗加工应该为精加工留下足够的材料，以便能够容纳整个刀具的刀尖半径（一直到刀尖半径中心线），使其能完全地参与切削（见图 8-16）。

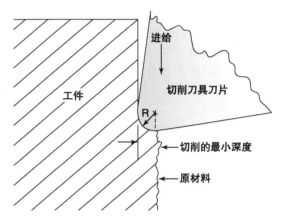

图 8-16　当使用带刀片的硬质合金刀具时，在精加工过程中要采用足够的材料，以使刀具参与至少一个刀具刀尖半径的深度

端面车削通常是从工件的外面向中心完成的，因为刀具的刀尖半径，所以车削的终点位置必须编程超过 X0。当沿直径进行编程时，这个编程的 X 轴终点必须超过零点的 2 倍。图 8-17 所示为在工件上执行端面车削程序的摘录。

8.5.3 钻孔操作

很多的回转产品包括孔工件，这些操作是通过定位刀具在 X0.0 来编程的，这会对齐切削刀具的中心线和零件的中心线。记住，钻孔操作应该使用直接转速（G97）来完成，因为 X 轴位置是 X0。一旦刀具被定位后，要用一个进给速度指令进行一个线性运动（G1）来前进刀具进入工件至其期望的深度。注意：在进行 X 轴运动（相

当于退回至一个换刀位置时）之前，刀具
必须要用一个快速运动完全地从孔里退回。
图 8-18 所示为在工件上执行钻孔操作的程
序的摘录。

8.5.4　直线车削

数控车削操作能分成三个类型：直线
车削、带锥度车削和仿形车削。用直线车
削，零件的外径会被切削为一个直的直径，
在起点和终点测量是相同的。这些特征的
编程需要刀具首先被定位在 Z 轴方向的一
个安全平面和要切割的 X 轴直径，然后刀
具可以在长度上使用线性插补在 Z 轴单独
移动，在到达 Z 轴位置后，刀具也能进给
至一个 X 轴位置来生成一个台阶。图 8-19
所示为在工件上执行直线车削的程序的摘
录。

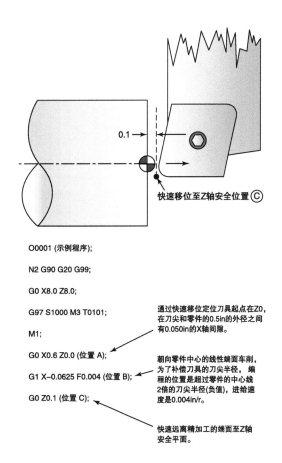

O0001 (示例程序);

N2 G90 G20 G99;

G0 X8.0 Z8.0;

G97 S1000 M3 T0101;

M1;

G0 X0.6 Z0.0 (位置 A);

G1 X-0.0625 F0.004 (位置 B);

G0 Z0.1 (位置 C);

通过快速移位定位刀具起点在Z0，在刀尖和零件的0.5in的外径之间有0.050in的X轴间隙。

朝向零件中心的线性端面车削，为了补偿刀具的刀尖半径，编程的位置是超过零件的中心线2倍的刀尖半径（负值），进给速度是0.004in/r。

快速远离精加工的端面至Z轴安全平面。

图 8-17　端面车削和相应的程序代码

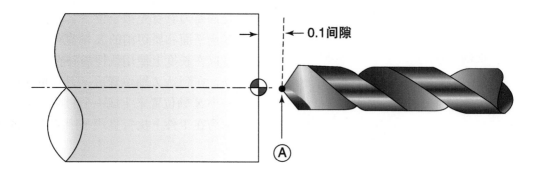

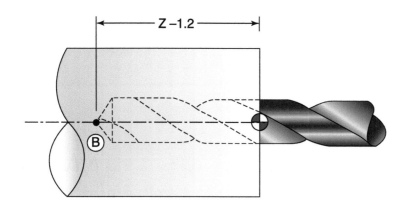

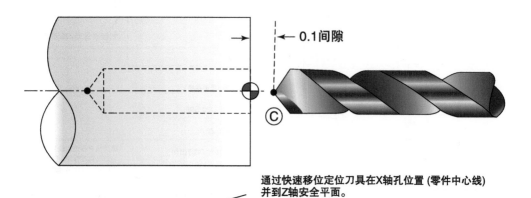

通过快速移位定位刀具在X轴孔位置 (零件中心线)
并到Z轴安全平面。

G0 X0.0 Z0.1 (位置 A);

G1 Z–1.2 F0.006 (位置 B); ◄──── 通过一个线性运动进给钻头进入旋转的零件，速
度是0.006in/r。

G0 Z0.1 (位置 C); ◄──── 在Z轴方向快速退出孔至Z轴安全平面。

图 8-18　简单的钻孔操作和相应的程序代码

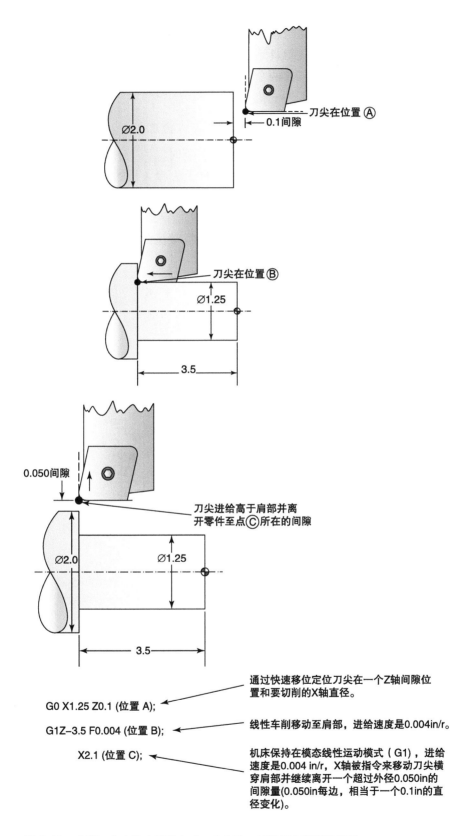

图 8-19 车削一个直的直径并生成一个台阶，以及相应的程序代码

8.5.5 带锥度车削

锥度可以通过一个线性运动同时移动两个轴来车削。为了实现这种斜线刀具运动，一个单独的程序段必须同时包含两个轴运动的指令。图 8-20 所示为在工件上执行带锥度车削的程序的摘录。

8.5.6 仿形车削

经常，一个零件会包含复杂的外形，这些称为轮廓。一个轮廓可能需要直线车削、带锥度车削和圆弧切削的组合。数控车床有能力采用从前到后的连贯动作车削

出整个轮廓，而不用停止车削。这个快速的刀具运动是有效率的，并且可消除通过在每一个特征处退出和再进入刀具生成的毛刺。图 8-21 所示为在工件上执行仿形车削的程序的摘录。

8.5.7 粗加工

有时，因为开始为毛坯直径，必须从工件上去除大量的材料来得到最终的尺寸。一次性去除太多的材料会缩短刀具寿命、产生过热和降低工件的精度。因为这些原因，很常见的是执行粗加工切削过程来去

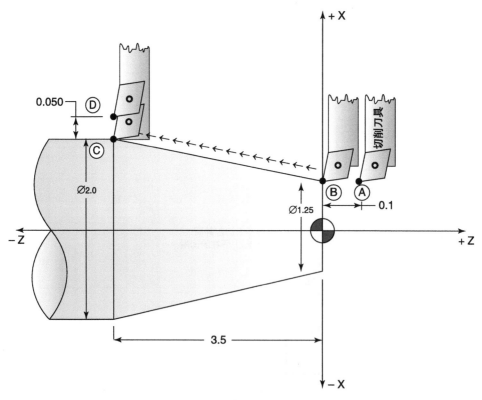

图 8-20　车削一个带锥度的直径，以及相应的程序代码

除大多数的材料而为一个更轻载的精加工过程留下一些材料。为精加工过程留下的材料量取决于几个变量，包括想要的表面粗糙度、内拐角需要的圆角半径（它决定了需要的刀具刀尖半径尺寸）、机床的刚性、零件形状和机床设置。

粗加工操作编程起来是乏味的，主要是因为采用重复的过程来去除不想要的材料。必须要小心地确定每个过程的终点。如果任意的粗加工过程切削得太深，在进行精加工后的零件表面会留下一道沟。

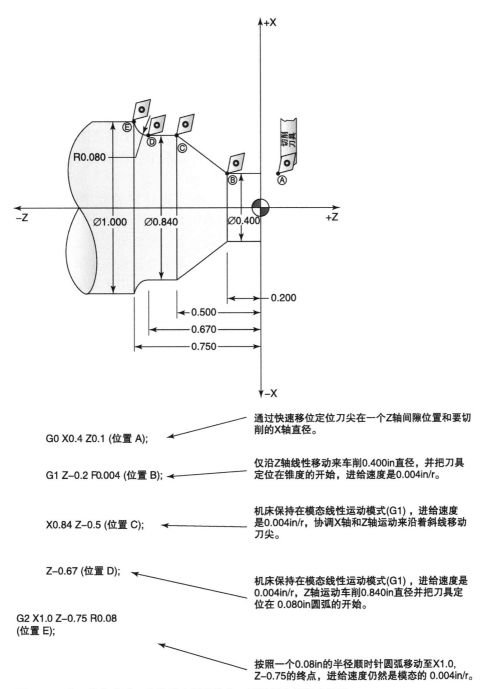

G0 X0.4 Z0.1 (位置 A);

通过快速移位定位刀尖在一个Z轴间隙位置和要切削的X轴直径。

G1 Z−0.2 F0.004 (位置 B);

仅沿Z轴线性移动来车削0.400in直径，并把刀具定位在锥度的开始，进给速度是0.004in/r。

X0.84 Z−0.5 (位置 C);

机床保持在模态线性运动模式(G1)，进给速度是0.004in/r，协调X轴和Z轴运动来沿着斜线移动刀尖。

Z−0.67 (位置 D);

机床保持在模态线性运动模式(G1)，进给速度是0.004in/r，Z轴运动车削0.840in直径并把刀具定位在0.080in圆弧的开始。

G2 X1.0 Z−0.75 R0.08
(位置 E);

按照一个0.08in的半径顺时针圆弧移动至X1.0，Z−0.75的终点，进给速度仍然是模态的0.004in/r。

图 8-21　在工件上生成一个仿形车削的轮廓，以及相应的程序代码

图 8-22 所示为在工件上的粗加工刀具轨迹的图解说明。

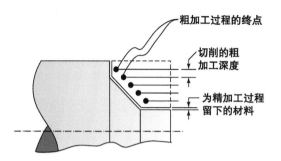

图 8-22 粗加工过程必须要小心地进行,以确保它们不会挖进后来要精加工的表面

8.5.8 精加工

在零件经过粗加工以后,会装载精加工刀具,要去除为精加工留下的材料。精加工的目的是获得较小的表面粗糙度值和良好的尺寸精度。精加工过程去除材料应该要浅,以便工件不会弯曲远离切削刀具。而且浅切削通常会产生更少的热量,这样可防止工件产生膨胀。

切削数据应该是计算和经验的组合,并且是要花些时间来开发的。对计算而言,要从刀具制造商的目录里获得尽可能多的特殊信息。图 8-23 所示为去除粗加工操作剩下的材料的精加工操作的图解说明。

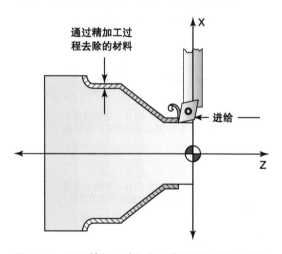

图 8-23 采用精加工过程来生成最终的经加工零件尺寸。这个操作去除在粗加工操作过程中剩下的材料

一把专用的刀具用于粗加工,另一把用于精加工是很常见的。这样做的一个原因是保护精加工刀具,而且当粗加工刀具装备一个大的刀尖半径时是最耐用的,但是因为图样经常指定一个最大的圆角半径尺寸,所示一把带有更小刀尖半径的刀具是精加工过程所需要的。

8.6 固定循环

大多数车削操作要求乏味的重复运动,例如一个粗车操作的多个过程,或深孔钻需要的多次啄钻。机床控制制造商配置了带有使这些操作编程起来更容易和更快的特征。这样的加工惯例能被打包或"固定"在一个或两个代码的程序段,被称为固定循环。

固定循环需要程序设计员按照指定的格式编写一个或两个代码程序段,这个代码包含必须要为这个应用特定地输入的变量,变量会被机床控制用于执行这些惯例。固定循环应用于啄钻、攻螺纹、车螺纹、粗仿形车削和精仿形车削等更多场合。

8.6.1 孔加工固定循环

钻孔、铰孔、扩孔和锪孔操作能使用固定循环进行编程。常用的是 G74 钻孔循环,它允许有一个啄式增量来打断切屑流,以防止生成长的、成串的切屑。通常需要两个连续的 G74 程序段,啄式增量使用 Q 值指定,一个 0.25in 的 Q 值将引起刀具每横向进给 0.25in 回退一次;R 值指定每次啄钻后刀具回退的量。总的绝对 Z 轴深度在 G74 程序段中被编程为一个负值。如果一个钻孔循环要被编程为一个没有任何啄钻的单独过程,则要指定一个 Q 值等于 Z 轴深度。图 8-24 所示为在工件上执行一个带啄钻的孔加工循环的程序的摘录。

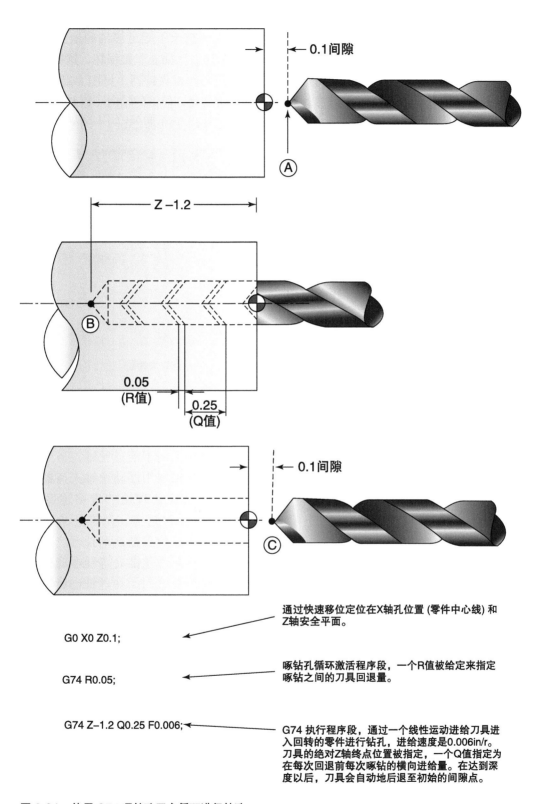

通过快速移位定位在X轴孔位置 (零件中心线) 和
Z轴安全平面。

G0 X0 Z0.1;

啄钻孔循环激活程序段，一个R值被给定来指定
啄钻之间的刀具回退量。

G74 R0.05;

G74 Z–1.2 Q0.25 F0.006;

G74 执行程序段，通过一个线性运动进给刀具进
入回转的零件进行钻孔，进给速度是0.006in/r。
刀具的绝对Z轴终点位置被指定，一个Q值指定为
在每次回退前每次啄钻的横向进给量。在达到深
度以后，刀具会自动地后退至初始的间隙点。

图 8-24　使用 G74 啄钻孔固定循环进行钻孔

8.6.2　攻螺纹固定循环

数控机床没有任何敏感度，并且在攻螺纹时不能感觉阻力和力。机床必须依靠主轴旋转和进给时精确的坐标。随着丝锥开始切削，主轴旋转和进给必须精确地同步，以便丝锥不会束紧和损坏。随着丝锥接近螺纹的终点，机床必须成比例地降低主轴速度和进给量，以便在丝锥到达最终的深度时两个同时停止。最后，为了从孔里退出丝锥必须反转。因为丝锥完全接合在工件上，所以必须成比例地增加主轴速度和进给量，以便丝锥在没有损坏的情况下从孔中退出。

丝锥每进入工件一转就是一个螺距，因此每转进给速度等于丝锥的螺距（对单线丝锥）。进给速度的计算如下：

> 对示例 A 1/2 = 20 TAP：
>
> 螺距 = 1/TPI
>
> 螺距 = 1/20
>
> 螺距 = 0.050

因为车削的进给速度被表达为每转英寸数，所以进给速度的计算是已经按照正确的单位并且是完整的：

> 每转英寸数进给速度 = 0.050

不是每个螺纹的螺距计算都会是一个除尽的数，因为进给速度的精度是很关键的，不能除尽的数字应该圆整到控制器能允许的一样多的小数位数（通常 4 位小数是足够的）。

> 对示例 A 3/8 = 24 TAP：
>
> 螺距 = 1/TPI
>
> 螺距 = 1/24
>
> 螺距 = 0.0416

因为螺距计算的结果是一个重复的数字，把它圆整到 4 位小数，则给出的结果是：

> 每转英寸数进给速度 = 0.0417

1. 使用浮动丝锥夹持器的攻螺纹固定循环（G32）

一些机床不能足够精确地协调进给和主轴旋转，为防止丝锥损坏，这些机床需要使用浮动丝锥夹持器（见图 8-25）。浮动丝锥夹持器允许丝锥的轴向（进和出）浮动来补偿主轴速度和进给之间小的坐标错误。

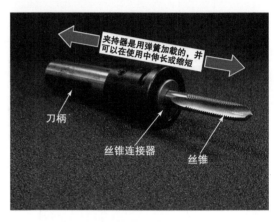

图 8-25　浮动丝锥夹持器

当使用浮动丝锥夹持器时，这个操作可使用 G32 代码来编程，这时主轴已经在想要的转速下运转。通常需要两个 G32 程序段，一个用于前进丝锥，一个用于后退丝锥。如果使用浮动丝锥夹持器，要编程的进给速度比理论的进给速度小大约 0.001in/r，通过这样，丝锥会从浮动刀夹里的自然放松位置被逐渐拉开。当丝锥反转时，这样允许丝锥夹持器浮动来调整误差。当使用 G32 时，在丝锥已经达到它的深度后，主轴必须要编程来反转。当后退时，要使用完全的计算进给速度。图 8-26 所示为一个零件图样和使用浮动丝锥夹持器的攻螺纹循环程序的摘录。

2. 刚性攻螺纹固定循环（G84）

一些机床能够非常精确地协调丝锥的进给和旋转，这样允许刚性攻螺纹，因为丝锥被紧紧地夹持在丝锥夹持器里而不需要浮动在这些机床上（见图 8-27）。当编写刚性攻螺纹的程序时，编程人员不需要减

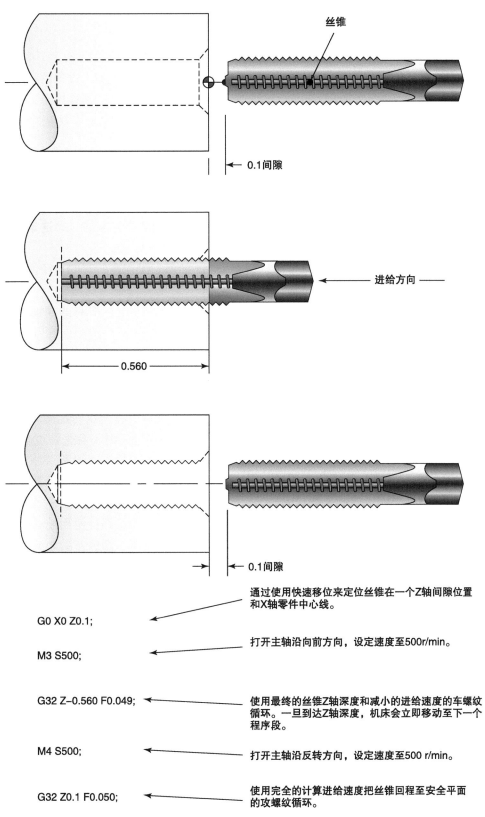

图 8-26　一个零件图样和使用浮动丝锥夹持器攻螺纹循环的程序的摘录

少进给率，因为没有明显的同步错误。在编程攻螺纹固定循环之前，必须编程一个 M 代码来为刚性攻螺纹的控制做准备。图 8-28 所示为一个零件图样和使用刚性丝锥夹持器攻螺纹循环的程序的摘录。

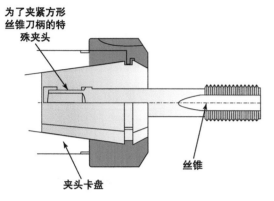

图 8-27　一个夹头卡盘和用于刚性攻螺纹的特殊夹头

8.6.3　粗车和精车固定循环

大多数数控车床都配置了能够完成粗车／钻孔和精车／钻孔的固定循环。粗加工固定循环的使用自动地进行多个粗加工过程，而保持一个恒定的切削深度。整个循环使用 G71 来激活，它是编码程序段的一小部分，G71 不是用固定循环来编写的。

车削操作的固定循环开始之前，刀具被定位在一个起点。这个位置通常靠近端面和外径相交的拐角，与 X 轴和 Z 轴都有间隙。这个初始定位只是确定机床起始的坯料直径在哪里和固定循环从哪里去除材料，当循环结束时，刀具会自动地回程至这个点。

粗加工过程从外径开始，并且向内部加工直到粗加工轮廓完成。每个过程会通过沿着 X 轴刀具位置递增地步进向内开始，然后笔直地沿 Z 轴负方向进行切削。在去除大多数的材料以后，循环会进行一个仿形切削过程，留下程序控制的精加工量。

粗加工过程需要两个连续的 G71 程序段。这些程序段经常使用变量，例如 U、R、

P、Q、U、W 和 F。在第一个程序段使用的相同特征中的一些变量会在第二个程序段里重复，但是有不同的含义，所以编程时要小心。第一个 G71 程序段可使用下面的变量：

• U 值，设定粗加工过程的深度。

• R 值，在进行快速移位至下一个加工过程的开始之前，设定刀具在每个粗加工过程会后退的距离。

第二个 G71 程序段可使用下面的变量：

• P 字母，指定顺序号，这是仿形切削的编码开始的地方。

• Q 字母，指定顺序号，这是仿形切削的编码结束的地方。

• U 值，设定在所有的直径留下的材料量。

• W 值，设定在所有的端面留下的材料量。

• F 值设定粗加工的进给速度。

这些变量的描述在下面的示例程序里做了标记。

轮廓的形状必须在固定循环里进行编程，以便在粗加工时不会去除过多的材料，并且在零件上为精加工过程留下一定量的坯料。在零件粗加工后，一个精加工固定循环可使用 G70 指令激活。这个固定循环共享已经编程的编码，使用变量 P 和 Q 来定义粗加工循环的轮廓。图 8-29 所示为一个零件和用于仿形车削的程序的摘录。

G71 粗加工和 G70 精加工循环也能用于镗孔操作中。对镗孔来说，X 轴起点必须定位在粗钻孔的直径内，然后粗加工过程会从孔的直径开始并向外加工直到粗加工轮廓完成。在一些机床上，当编程镗孔操作时，指定回退量的 R 值必须输入一个负值。

8.6.4　车螺纹固定循环

大多数车削中心有一个重复的固定车螺纹循环，它会自动地进行连续的螺纹车削过程直到刀具到达螺纹的根部（较小的）

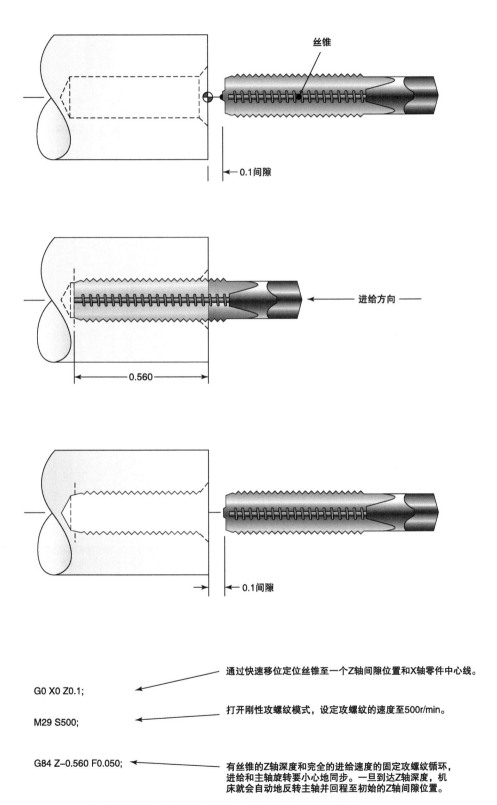

图 8-28　一个零件图样和使用刚性攻螺纹夹持器循环的程序的摘录

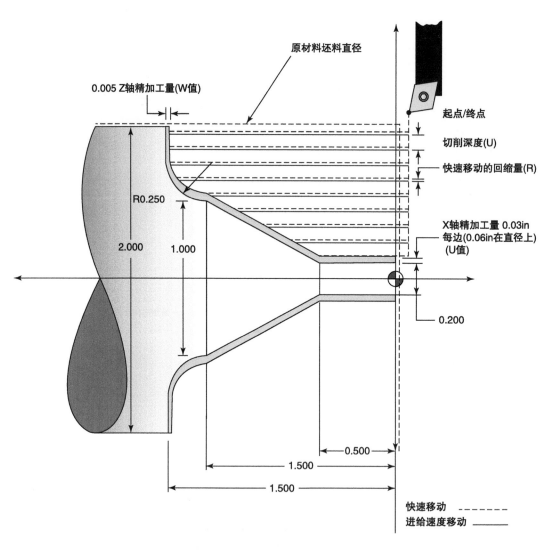

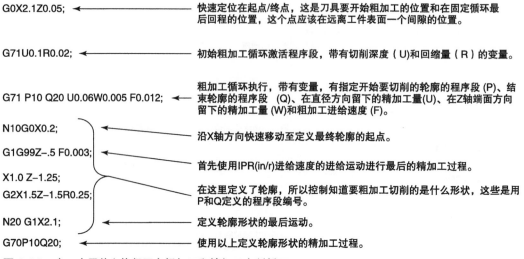

图 8-29 在一个零件上执行固定粗加工和精加工车削循环

直径。这个循环涉及很多的参数，应根据不同的应用指定相应的操作。

回想一下，当 V 形螺纹刀具进入工件时，刀具与工件的接触会增加。当操作手动车床时，在每一个连续的过程逐渐增加由复合刀架所采取的切削深度是很有必要的。当使用车螺纹固定循环时，控制会自动地计算每一个连续遍数的切削深度的减小量，这会有助于遍与遍之间的切削力（和去除材料的量）恒定，直到加工完成。两个连续的 G76 程序段通常会用于激活这个循环。一些机床使用 X、Z、P、Q、R 和 F 值。一些在第一个程序段使用的字母变量会在第二个程序段重复使用，但带有不同的意义。下面的变量会用在第一个 G76 程序段中：

• P 值，设定每个切削遍数后想要采用的弹性遍数的数量。

• 第一个数值控制刀具回退的速度。

• 第二个数值控制刀具横向进给的角度。

• Q 值，设定最小的切削深度。

• R 值，设定最后一遍的切削深度。

下面的变量用在第二个 G76 程序段中：

• X，设定螺纹的小径。

• Z，建立螺纹的端部。

• P 值，设定单线螺纹深度。

• Q 值，设定第一遍的深度。

• F 值，设定进给速度（通常是按照 IPR，与螺纹螺距相等）。

因为固定循环需要一些信息，所以下面的计算需要在编程车螺纹固定循环之前完成。

单个螺纹的深度 = 0.61343 ÷ TPI = 近似单个螺纹的深度

螺纹小径 = 螺纹大径 −（2 × 单边深度）= 螺纹小径

车削外螺纹的 X 轴刀具起点 = 螺纹大径 +（2 × 单边深度）

车削内螺纹的 X 轴刀具起点 = 螺纹小径 −（2 × 单边深度）

从螺纹起点的 Z 轴刀具起点距离 =4 × 螺距（注意：如果这个计算结果是一个小于 0.25 的数，则输入 0.250 代替）

车螺纹遍数的数量 =（72 × 螺距）+ 4

第一遍深度 = 单边深度 /√车螺纹遍数

图 8-30 所示为一个零件图样和从一个常见的机床控制上摘录的所使用的车螺纹循环的程序。

8.6.5　刀尖半径补偿

硬质合金刀片刀具有超过高速钢刀具的优点，包括更好的耐热性、耐磨性和硬度，这些特点使得硬质合金刀具成为现代高性能数控车削操作的理想选择。

大多数硬质合金刀片有一个刀尖半径，如果硬质合金刀片做成一个尖点，在重载切削和冲击下，硬质合金易碎的特性会快速地引起切削刃的碎裂。刀尖圆弧半径也提供了更宽大的表面积，以帮助把切削区域的热量带入刀片。

大多数刀尖半径足够大，如果没有进行补偿，它们会导致锥度和半径不能被正确地切割。图 8-31 所示为当切削凸面半径和凹面半径时，刀尖半径是怎样引起错误的。图 8-32 所示为当进行带角度切削时，刀尖半径是怎样引起错误的。

有一种方法可以从算数上补偿刀具的半径，但是这有时是一种令人困惑的方法，并且很少应用在工业上。大多数机床有一种自动补偿刀尖半径错误的方法，这个功能被称为自动刀尖半径补偿（TNRC）。TNRC 一旦被恰当地打开，MCU 会进行所有必要的补偿，并且零件坐标可以被编程得好像切削刀具根本没有半径。

必须用 G41 或 G42 编程来激活 TNRC。G41 指示刀具要向正在切削的轨迹的左边，G42 指示它要向右（见图 8-33）。必须用 G40 来取消 TNRC。

为了成功地使用 TNRC 编程一个轮廓，

下面的规则必须要遵守：

1）在远离零件的区域必须有一个初始的刀具移动（切削空气）。一般来说，这个运动距离应该至少是刀尖半径的尺寸并且朝向零件移动刀具。

① 这个运动必须是线性的并在它自身和刀具要进行的下一个运动之间生成一个90°（或更大）的角度。

② G41 或 G42 必须和这个运动一起编程来激活 TNRC。

2）切削一旦完成，当 TNRC 被取消（用 G40），必须有一个线性的退出移动来远离零件。

3）刀具的尖端被分成为几部分叫作方向象限，需要接收补偿的刀尖部分必须指定，这个设定必须在机床设置时输入MCU。

图 8-34 所示为一个零件的图样和使用 TNRC 正在切削轮廓的程序的摘录。

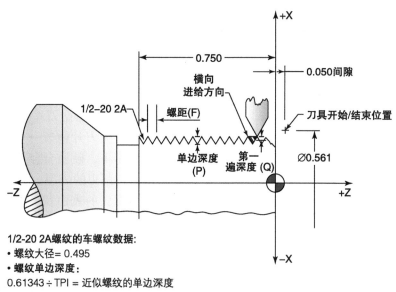

1/2-20 2A螺纹的车螺纹数据：
• **螺纹大径**= 0.495
• **螺纹单边深度：**
0.61343÷TPI = 近似螺纹的单边深度
0.61343÷20 = 0.0306
• **螺纹小径：**
螺纹大径 −（2×单边深度）= 螺纹小径
0.495 −（2×0.0306）= 0.4338
• **螺距：**
1/TPI = 螺距
1/20 = 0.050
• **车削外螺纹的X轴刀具起点：**
螺纹大径+（2×单边深度）= X轴起点
0.495+（2×0.0306）= 0.556
• **从螺纹开始的Z轴刀具起点距离：**
4×螺距 = Z轴起点
（注意：如果计算结果是小于0.250的数字，则输入0.250代替）
4×0.050 = 0.200
因为数字小于0.250，所以会使用0.250。
• **车螺纹的遍数：**
（72×螺距）+ 4 = 车螺纹的遍数
（72×0.050）+ 4 = 7.6
因为只会采用一个为整数的遍数，所以数字被圆整为8。
• **第一遍深度：**
因为深度÷车螺纹遍数 = 第一遍深度
0.0306 ÷ $\sqrt{8}$ = 0.0108

图 8-30　在一个零件上执行多遍车外螺纹循环的计算和相关的代码

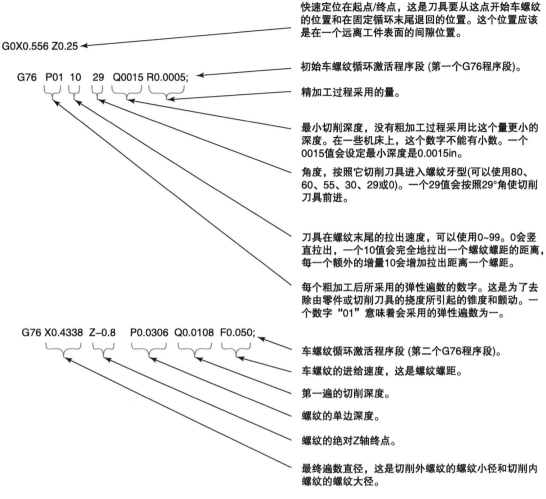

G0X0.556 Z0.25 ← 快速定位在起点/终点，这是刀具要从这点开始车螺纹的位置和在固定循环末尾退回的位置。这个位置应该是在一个远离工件表面的间隙位置。

G76 P01 10 29 Q0015 R0.0005; ← 初始车螺纹循环激活程序段 (第一个G76程序段)。

精加工过程采用的量。

最小切削深度，没有粗加工过程采用比这个量更小的深度。在一些机床上，这个数字不能有小数。一个0015值会设定最小深度是0.0015in。

角度，按照它切削刀具进入螺纹牙型(可以使用80、60、55、30、29或0)。一个29值会按照29°角使切削刀具前进。

刀具在螺纹末尾的拉出速度，可以使用0~99。0会竖直拉出，一个10值会完全地拉出一个螺纹螺距的距离，每一个额外的增量10会增加拉出距离一个螺距。

每个粗加工后所采用的弹性遍数的数字。这是为了去除由零件或切削刀具的挠度所引起的锥度和颤动。一个数字"01"意味着会采用的弹性遍数为一。

G76 X0.4338 Z−0.8 P0.0306 Q0.0108 F0.050; ← 车螺纹循环激活程序段 (第二个G76程序段)。

车螺纹的进给速度，这是螺纹螺距。

第一遍的切削深度。

螺纹的单边深度。

螺纹的绝对Z轴终点。

最终遍数直径，这是切削外螺纹的螺纹小径和切削内螺纹的螺纹大径。

图 8-30 在一个零件上执行多遍车外螺纹循环的计算和相关的代码（续）

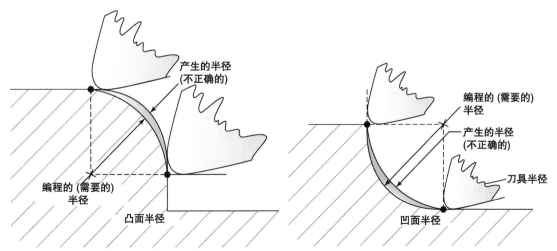

图 8-31 当切削凸面半径和凹面半径时，关于刀尖半径是怎样引起错误的图解说明

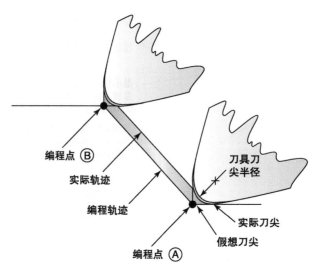

编程点 Ⓑ

实际轨迹

编程轨迹

刀具刀尖半径

实际刀尖

假想刀尖

编程点 Ⓐ

图 8-32　当在回转工件上进行一个带角度切削时，关于刀尖半径是怎样引起错误的图解说明

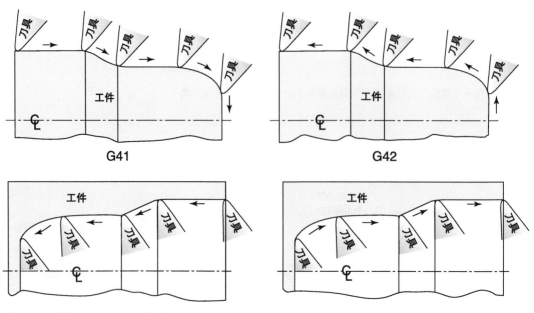

图 8-33　使用 G41 和 G42 代码的示例

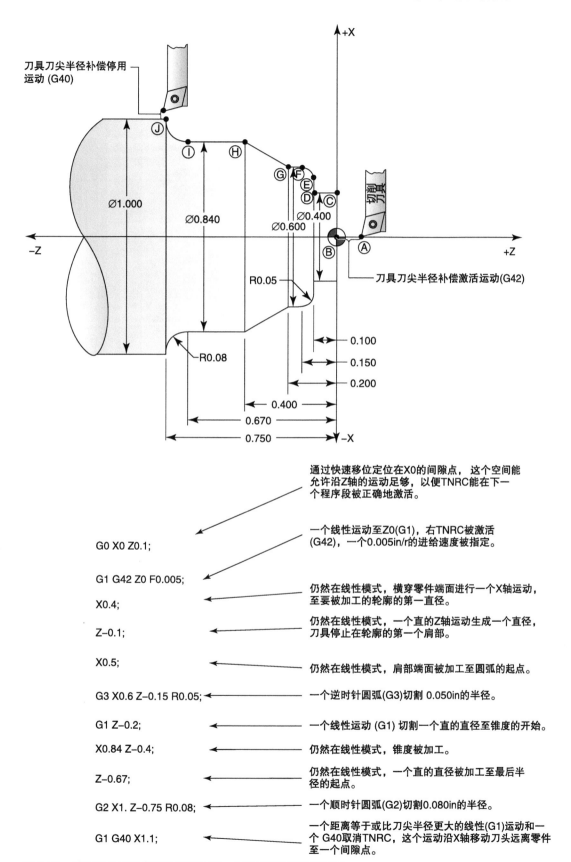

通过快速移位定位在X0的间隙点，这个空间能允许沿Z轴的运动足够，以便TNRC能在下一个程序段被正确地激活。

G0 X0 Z0.1;

一个线性运动至Z0(G1)，右TNRC被激活(G42)，一个0.005in/r的进给速度被指定。

G1 G42 Z0 F0.005;

仍然在线性模式，横穿零件端面进行一个X轴运动，至要被加工的轮廓的第一直径。

X0.4;

仍然在线性模式，一个直的Z轴运动生成一个直径，刀具停止在轮廓的第一个肩部。

Z−0.1;

仍然在线性模式，肩部端面被加工至圆弧的起点。

X0.5;

一个逆时针圆弧(G3)切割 0.050in的半径。

G3 X0.6 Z−0.15 R0.05;

一个线性运动 (G1) 切割一个直的直径至锥度的开始。

G1 Z−0.2;

仍然在线性模式，锥度被加工。

X0.84 Z−0.4;

仍然在线性模式，一个直的直径被加工至最后半径的起点。

Z−0.67;

一个顺时针圆弧(G2)切割0.080in的半径。

G2 X1. Z−0.75 R0.08;

一个距离等于或比刀尖半径更大的线性(G1)运动和一个 G40取消TNRC，这个运动沿X轴移动刀头远离零件至一个间隙点。

G1 G40 X1.1;

图 8-34 使用刀具刀尖半径补偿来执行一个精加工仿形车削过程

第9章   数控车削的设置与操作

9.1　机床控制面板

机床控制面板通常与 MCU 相连并包含显示屏和按钮、按键、旋钮和刻度盘，用来编程、设置和操作机床。典型的机床控制面板如图 9-1 所示。

显示屏用于显示程序、轴位置和各个机床设置界面。菜单按钮用于浏览设置界面和输入数据。控制面板按钮都标有描述其功能的字母或图片。一些机床也有叫作软键盘的按钮，没有标签，但是相反在显

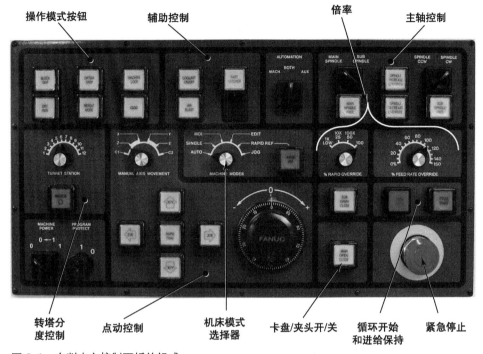

图 9-1　车削中心控制面板的组成

示屏上排列着一个功能标签（见图 9-2）。键盘有字母和数字键，用来键入程序和其他数据。

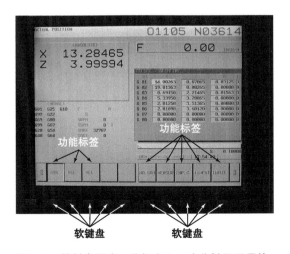

图 9-2　软键盘用在一些机床上，这些键是通用的，根据它们的在屏幕上的标签用于不同的功能

机床模式旋钮用于从一个操作模式切换到另一个。可选择的机床模式包括点动、自动、手动数据输入（MDI）、编辑和零参照回归。

编辑模式允许程序被键入存储器或修改已经存在的程序。编辑通常也是下载已存储的程序以供使用的模式。当程序要运行时，程序必须置于自动模式。参照回归模式用于在上电时置零机床轴。

MDI 模式提供空白程序屏，以输入短程序或机床设置所需要的单个程序命令，输入 MDI 的程序数据不会被存储在存储器里，并且会在被执行以后被拭除。因此，MDI 是短程序命令（用于设置和故障排除过程中）的理想选择，例如换刀、主轴启动命令和移动到一个指定的坐标位置。

图 9-3　用于每个轴的恒定点动的方向键

当打开点动模式时，键和一个小的旋转手轮允许用两种方法进行手动控制轴运动，以进行机床设置。大多数机床有沿正方向和负方向的方向键以点动每一个轴（见图 9-3）。按这些键并保持住会引起恒定的轴运动。当键被松开时，运动停止。当用方向键点动时，大多数机床会使用快速或进给倍率刻度盘来变化进给速度。当点动机床轴时，旋转手轮能设定按照不同的增幅来移动一个轴，以实现精细控制。这些步幅通常是每点击手轮一次 0.010in、0.001in 和 0.0001in。在一些机床上，点动手轮安装在一个手持式垂饰上并通过电缆 MCU 相连，以使其远离控制面板并更靠近工作区域（见图 9-4）。

循环启动、进给保持和紧急停止按钮也位于控制面板上。循环启动按钮开始运行有效的数控程序并在很多机床上用绿色标识。进给保持按钮通常是位于循环启动按钮旁边，在程序执行期间按下时会停止轴进给。在紧急情况下或发生碰撞时，按下红色的紧急停止按钮能立即停止主轴和所有轴的运动。进给速率倍率旋钮允许程序化的进给速度增加、减小或甚至停止。大多数机床都装备了快速倍率控制，用于当程序正在运行时或要变化点动速度时来减慢运动。主轴速度倍率控制能用于减小

a）远程手轮点动实物

b）控制面板上安装的点动手轮

图 9-4　点动手轮用于当点动机床主轴时的精细控制。手轮可以是便携式的（图 a）或永久地安装在机床的控制面板上（图 b）

或增大主轴转速（见图 9-5）。

9.2　工件夹紧设置

一旦选定了工件夹紧装置，它要按照制造商的指导来进行安装。当使用卡盘时，经常使用可加工的软爪。软爪能定做成适

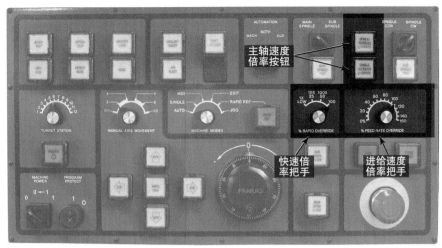

图 9-5　主轴速度、进给速度和快速倍率控制

应工件的形状。通常，当安装在卡盘上时，软爪要经过镗孔来确保它与零件在接触位置形成正确的夹紧半径。一个很好的做法是采用软爪夹紧废料或采用卡盘环预加载时镗爪（见图 9-6）。这是模拟当夹紧实际工件时卡盘所承受的应力。当镗爪时，用于夹紧工件的加紧力也要设定的相同。图 9-7 所示为适当镗孔的软卡盘爪和一个相配的工件。

a)

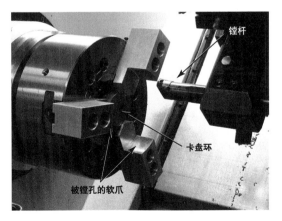

图 9-6　软卡盘爪应该在它们被安装时被镗削加工，通过夹紧一件废料或一个卡盘环来预加载模拟了当加紧一个工件时产生的力

b)

图 9-7　适当镗孔的卡盘爪和一个相配的工件

　　如果使用一个夹头，把夹头闭合器按钮置于"开"位置。夹头必须要和它的键对齐，并嵌入一个干净的轴头主轴端。从主轴箱的另一端把伸缩管用螺纹连接在夹

头上。把一个正确直径的工件放入夹头内并用手拧紧伸缩管直到工件被紧密地夹紧。在锁紧伸缩管到位之前要松开半圈，以便为装载和卸载工件建立合适的间隙。如果

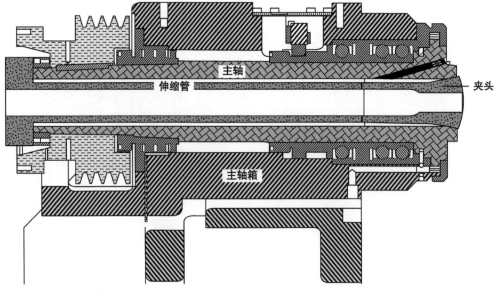

图 9-8　车削中心伸缩管和夹头组件

伸缩管和夹头闭合器在"开"位置是紧密的，在工件更换过程中就不能容易地滑进和滑出夹头（夹头不能足够地释放）。图9-8 所示为车削中心伸缩管和夹头组件的图解说明。

　　注意：一个常见的错觉是伸缩管螺纹啮合会对夹紧力产生影响。伸缩管仅设定尺寸范围在打开和闭合位置之间。从根本上说，夹紧压力仅会由机床的夹头／卡盘闭合器系统的气压或液压调节器决定。

　　无论是使用夹头还是卡盘，必须设定合适的夹紧压力。太大的夹紧压力会使工件变形，太小的夹紧压力会使工件滑动并在加工过程中被拉出夹头或卡盘。太小的压力会使夹紧力被高转速下的离心力所超过。图 9-9 中的图表所示是在一家制造商的机床上的夹紧压力对转速的影响。夹头／卡盘闭合器系统的压力是由气动或液压调节器来控制的，这取决于机床。夹紧压力是用这个调节器来调整的。图 9-10 所示为车削中心液压调节器和调整夹头压力的仪表。

　　一旦设定了工件夹持装置，用于设置的工件现在就要被抓紧。很重要的是要允许足够的工件长度伸出卡盘或夹头，以便

在任何编程的加工操作中都不会使卡盘爪或夹头端面发生碰撞。通常，在切削刀具和工件夹持装置之间要能得到 1/8in 的最小间隙（见图 9-11）。

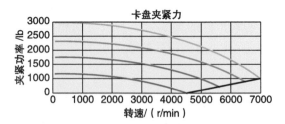

图 9-9　这张图表所示的是随着转速的增加对一家制造商的卡盘夹紧压力的影响

图 9-10　车削中心用于调节夹头和卡盘夹紧压力的液压调节器和仪表

图 9-11　最小是 1/8in 的间隙应该保持在切削刀具和工件夹持装置之间

9.3　机床坐标系和工件坐标系

　　将原点位置定位在工件上的笛卡儿坐标系称为工件坐标系（WCS）。为了编程的方便，WCS 的原点可建立在工件上的任意位置。机床有其自己的坐标系称为机床坐标系（MCS）。机床坐标系的原点是在一个固定的、由工厂设定的位置，并且是不能变化或移动的。MCS 用于机床自己的参照目的和在轴运行超出它的行程前帮助机床保持跟踪每个轴能移动多远。从 MCS 的原点到 WCS 的原点的距离称为工件偏移量。这个距离在机床设置时测量并存储在控制装置里（见图 9-12）。

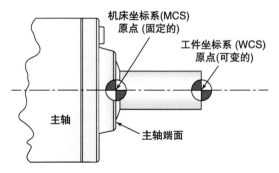

图 9-12　机床坐标系（MCS）和建立的工件坐标系（WCS）的关系

　　操作任何数控机床的第一步是给它适当地上电。因为有很多不同的机床类型，所以要参考一个特定机床的手册来查阅正确的操作程序。在正确地打开机床后，大多数机床需要一个参照回程至机床的原点或 MCS 的机床复位点。这个过程称为复位程序。机床通过伺服电动机旋转滚珠丝杠来移动它的轴。此外，这个电动机能通过其轴的旋转量来监控和调整轴的位置。当机床的电源关闭时，MCU 不能再监控并调整轴的位置了，各轴便失去了其位置的跟踪。因此，每次数控机床从一个完全的关闭状态上电时，它必须被复位。复位程序用于重置 MCS 位置，以便机床可以再次开始对位置保持跟踪。

　　通过复位，机床也能记起 WCS 的位置，它在机床断电之前是有效的。这就避免了在每次机床上电时必须要重置工件偏移。复位如此重要的另一个原因是，一旦机床知道了每个轴被定位在哪里，它也会知道它们的行程极限。

　　每台机床都需要特定的步骤来执行复位程序。这些步骤也能在特定机床的操作手册里找到，但是基本的步骤如下：

　　1）选择机床控制面板上的"原点回归"或"复位"模式。

　　2）用点动方向键点动每个轴沿着朝向机床复位位置的方向（通常是和机床坐标系原点相同的位置）。如果机床轴已经在原点位置，则它们必须要被点动远离然后再返回至原点位置。

　　3）随着每个轴以合适的方向传送，大多数机床会通过快速地移动轴自动完成该过程，然后随着靠近传感器或开关而减速。

　　4）当开关被合闸时，机床会置零机床坐标系，然后对其进行设置或使用以前的设置开始加工。

　　注意：一些机床配置了绝对编码器，当断电时，它不会失去对轴位置的跟踪。这些机床在刚启动时不需要复位程序。

9.4　工件偏移设置

　　工件设置过程建立工件偏移或 WCS

的原点位置。编程的所有工件坐标要以该原点为参考。这是通过找到工件偏移或从MCS原点"移位"到预期的WCS原点来建立的。

MCS绝不改变位置。它是通过每次在相同的位置"归零"来重置的。把这个点看作是一个不会变化的参考点，因为这个机床原点的位置从不会改变，但是工件原点是随着每个新的工件设置变化的，零件的工件偏移被定义为一个从MCS原点参照的距离。一些控制把这个偏移叫作工件移位，因为它本质上是移位机床原点到工件原点的位置。图9-13所示为描述工件移位的图解。

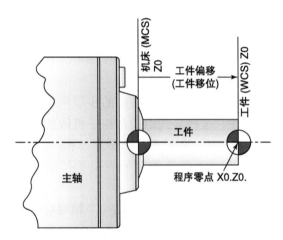

图9-13 工件偏移是从MCS零点到WCS零点的Z轴距离，X轴偏移应该保持为零，因为主轴和工件共享相同的中心线

在车床上，工件会在更换时变化长度和位置，并且要求原点在每个新工件的Z轴重置。然而，因为工件的中心线和主轴的中心线总是对齐的，所以X轴原点在更换工件时保持不变。

每个制造商的机床设置方式有很多类型。在下面的示例中描述的原理应该适用于所有的机床控制。

设置工件偏移的基本步骤：

1）在机床上安装工件。

2）使用换刀命令，使转塔分度至一个端面车刀。

3）点动Z轴把端面车刀带至靠近工件的末端。

4）在MDI模式使用合适的M3或M4代码来启动主轴。

5）通过使用手轮点动端面车刀横穿工件来车削零件端面，直到端面被清理干净（没有表面未参与车削）。

6）转塔被点动至一个安全位置并分度至一个空位置。

7）夹持一个量块靠着零件的端面。

8）转塔的端面被小心和仔细地点动靠近量块直到能感觉到一个轻微的阻力。量块的长度是从预期的工件原点到转塔端面（参考点）的距离。

9）从现在的MCS Z轴位置减去量块的长度。

10）结果值代表从MCS原点到WCS原点在Z轴方向的距离，并且输入MCU里的工件偏移界面。图9-14所示为描述零件、使用量块和转塔来设置工件偏移的图解。

注意：一些车削MCU使用更简单的方法，它们只需要按下"设定Z"按钮，而不是确定实际距离。MCU自动地完成计算并在工件偏移界面存储正确的值。

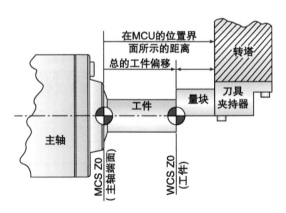

图9-14 量块能通过在预期的零件Z0接触转塔的参考面，从而用于确定工件偏移。转塔的位置会被显示在机床位置界面。用转塔接触主轴端面，位置会读作Z0。用转塔接触如图所示的量块，位置会显示到其端面的工件长度，加上量块长度。从这个尺寸减去量块长度显示从主轴端面的工件长度（工件偏移）

9.5　车削的切削刀具

9.5.1　切削刀具的安装

当为车床安装切削刀具时，应根据主轴的旋转方向确保它们面向正确的方向。在一些机床上，刀具会定向为右侧朝上，而在其他机床上是倒置的。确保一把安装好的刀具在总是中心上。一些刀具夹持器的连接器有一个调整机构来微调刀具的高度，而另一些需要使用薄垫片材料进行调整。

孔加工刀具在安装和设置过程中通常需要最多的注意，因为它们的对齐非常关键。刀具必须和主轴轴线平行，以便在加工过程中刀具的刀身不会和孔的内表面发生摩擦。一些刀具夹持器的连接器的为此有方形调节器（见图 9-15）。垂直度能通过在两个平面沿刀具的纵向运行一个千分表来校验。

图 9-15　调整孔加工刀具夹持器的调节螺钉

冷却剂管路要连接好，并且在每一把刀具安装好后它们的喷嘴要指向切削区域。要特别注意以确保在轴移动时冷却剂喷嘴不会与工件和工件夹持装置发生干涉。

9.5.2　车削的切削刀具偏位

当为车削中心设置一把切削刀具时，刀尖的位置必须被定义在 X 轴和 Z 轴。这个位置被作为一个从转塔参照位置到刀尖的距离进行测量。一旦该距离被确定后，这些刀具位置偏位被存储在机床的几何偏

位界面。这个界面也包含定义刀尖半径尺寸和象限取向的区域。

随着切削刀具的磨损，其切削刃的位置会变化。在加工过程中，随着刀具的使用，磨损偏位可用于对磨损进行补偿和调整。在计算和输入几何值之前要确保对偏位编号设定的磨损偏位值被回位至一个零基准。

1. 刀具几何偏位

为了确定初始的刀具长度，必须首先有一个创建的工件偏位，以便零件端面是 Z0。为了这一步，把工件原点变为参考点来确定刀尖的位置。

对于 Z 轴，点动手轮用于把刀尖带到工件端面并使用薄垫片材料或塞尺来接触零件，这样就把刀尖定位在一个和工件原点相关的已知位置。例如，如果刀具用一个厚度为 0.010in 的薄垫片来接触零件端面，从现在的绝对 Z 轴位置减去 0.010in 就是刀具的长度偏位。很多的控制通过把薄垫片厚度输入几何偏位界面来使这个过程更简单，并且随后会自动地计算刀具长度（见图 9-16）。

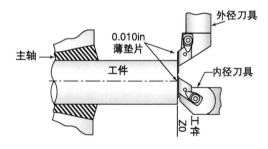

图 9-16　用厚度为 0.010in 的塞尺设定刀具离开 Z0 的零件端面的方法。当在这个位置时，刀具的位置可设定为在 Z 轴正方向的 0.010in 处

当为 X 轴设定一把车削刀具时，刀尖被带到工件直径并使用薄垫片材料或塞尺来接触零件的外径。当外径刀具使用塞尺接触工件外径时，刀尖在一个假想的外径加上两倍的塞尺厚度的直径上。例如，如果刀具接触的工件外径为 1.500in，用的是厚度为 0.010in 的塞尺，刀具所在的

假想直径是工件直径加两倍的塞尺厚度：(1.500+0.010+0.010)in=1.520in（见图9-17）。很多的控制允许这个数字输入几何偏位界面并会自动地计算刀具偏位量。

当对孔加工刀具设置几何偏位时，刀具会可通过安装在机床主轴上的一个千分表"扫略"刀具的圆周来对齐在中心上。图9-18所示为孔加工刀具正被安装在主轴上的一个千分表扫略。

一旦孔加工刀具对齐后，刀具在X0处并且没有额外的任何补偿。该位置被输入作为X轴几何偏位值。孔加工刀具的Z轴偏位与车削和扩孔刀具一样按照相同的方式进行设定和调整，刀具偏位的初始设定被存储在几何偏位界面。图9-19所示为机床显示屏上的典型几何偏位界面。这些数字反映出刀具在原始和未磨损状态下的刀尖位置的真实设置。刀具被设定以后，通常会通过首次运行程序来生产一个零件。

这个零件会立即被检查，并且根据需要对几何偏位进行调整来得到期望的尺寸。下面是一个假设的示例，说明如何对车削刀具进行这些调整（外径工作）。

1）生产出首件并检测。

2）测量显示给定刀具的每一个直径（由X轴生成）实测值比期望尺寸大了0.0008in。

3）打开几何偏位界，此时的X轴几何偏位界是8.7899in。

4）从这把刀具总的X轴刀具偏位值中减去0.0008in并且确定8.7891in是正确的几何偏位。

5）输入新的偏位值。

6）加工下一个零件并且验证纠正。

2. 刀具磨损偏位

当机床已经令人满意地生产零件并持

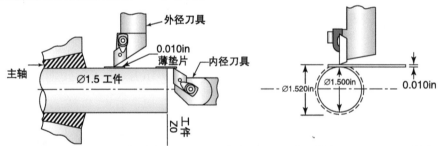

图9-17   刀具正在用厚度为0.010in的塞尺接触1.500in的工件外径。刀具所在的假想的直径位置是工件直径加上两倍的塞尺厚度：1.500+0.010+0.010=1.520。如果要设定内径扩孔、车螺纹或开槽刀具，薄垫片可用作塞尺来找到工件的外径表面（薄垫片不会用在计算中）

图9-18   孔加工刀具通过安装在主轴上的一个千分表扫略来对齐主轴轴线

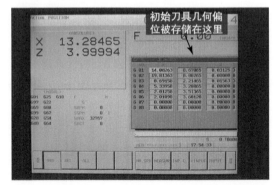

图9-19   机床显示屏上的典型几何偏位界面。这些数字反映出刀具在原始和未磨损状态下的刀尖位置的真实设置

续了一段时间后需要进行调整时，磨损偏位被使用。尺寸变化可能是由于刀尖磨损或机床热变动（由车间和机床温度变化引起的膨胀和收缩）。如果在生产过程中因为这些原因之一开始变化，刀具偏位调整不应输入几何偏位界面，而是磨损偏位界面（它通常与几何偏位界面看起来非常像）。图 9-20 所示为机床显示屏上的典型磨损偏位界面。输入磨损偏位的数字是从零磨损基线开始的增量调整，可以对 X 轴或 Z 轴偏位之一或两者同时进行调整。下面是一个假设的示例，说明如果车削刀具的 X 轴偏位需要调整，则怎样进行这些调整。

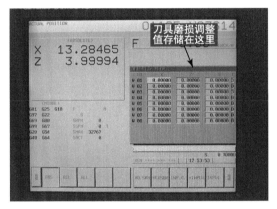

图 9-20　机床显示屏上的典型磨损偏位界面。输入磨损偏位的数字是从零磨损基线开始的增量调整

1）检测在讨论中的不能令人满意的零件。

2）测量显示给定刀具的每一个直径（由 X 轴生成）实测值比期望尺寸大了 0.0009in。

3）打开磨损偏位界面发现偏位值仍然是初始的零基线值。为了纠正，必须要从刀具的 X 轴偏位值中减去 0.0009in。因为磨损偏位值仍然是初始的零基线值，输入 -0.0009。

4）加工下一个零件并验证纠正。

在给定刀具偏位的初始几何设置过程中，那个偏位编码的相应磨损偏位必须设置为零。这样在进行任何调整之前就允许偏位从一个零基线开始。此外，对镶嵌式

刀具，一旦刀片被替换，它通过简单地在刀具磨损偏位中输入零值就能容易地回到初始刀具设置。

3. 刀具半径和方向输入入口

当初始设置机床并输入刀具几何偏位时，刀具的刀尖半径必须输入几何偏位界面中的合适位置（通常用"R"来表示）。这个值的重要性是，当使用 TNRC 时，允许机床适当地补偿刀尖半径。在这里输入的值会被忽略，除非 TNRC 是有效的。图 9-21 所示为机床显示屏上的几何偏位界面，带有刀具半径和刀尖方向的标签。

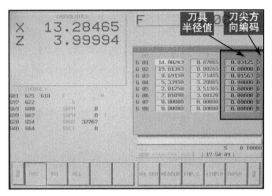

图 9-21　机床显示屏上的几何偏位界面，带有刀具半径和刀尖方向的标签。

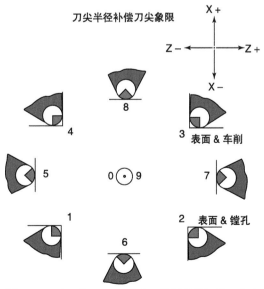

图 9-22　为了使 TNRC 成功，控制必须知道刀尖上的切削区域（阴影），其中必须发生补偿。图中所示为相对于在各种式样的切削刀具的刀尖可利用的象限

当使用 TNRC 时，刀尖象限方向也必须输入几何偏位界面。为了使 TNRC 成功，控制必须知道刀尖上的切削区域，其中必须发生补偿。可以利用的象限如图 9-22 所示。

9.6 车削的程序入口

程序能按照下面三种方式之一输入 MCU。

1）在工作场所手动键入程序进入控制单元。

2）从计算机或可移动存储设备上传送程序进入存储器。

3）在程序运行时，从计算机直接发送程序到控制单元。

当手动地从工作场所输入程序时，控制必须置于编辑模式并且给出程序编号。然后逐字和逐段地键入程序，直到完成。这种方法通常消耗时间并且容易出错误，所以它一般用于短的程序。

文件上传到存储器可通过通信电缆连接计算机的通信接口和 MCU 的接口来完成。一些机床也能从可移动存储设备（例如 CD、U 盘或存储卡）读取程序。这种方法是以上三种方式中最常见的，因为它极其快、错误很少，并且程序可以在随时存储在机床的存储器里备用。

有时复杂的程序如此巨大以至于它们不能简单地被作为整体存储在机床控制存储器里。在这些情况下，不是实际存储程序在 MCU 存储器里，而是当机床运行程序时，从计算机里逐行逐行地输送程序到控制中。机床控制只能接收同它一次能处理的一样多的代码。这种方法称为直接数字控制（DNC），有时也称为点滴输送。根据机床，这可以由不同的方法来完成。最常见的是通过通信电缆与计算机直接连接，但是有些机床能从 CD、存储卡或 U 盘等存储设备接收 DNC。

9.7 车床的操作

9.7.1 程序验证

在新设置的机床上运行程序是一个令人兴奋的过程，并且也是要格外小心的时刻。在这个阶段的粗心大意会导致机床、刀具或工件的损坏。然而，如果注意了并且机床在无人看管的情况下运行之前完成了仔细的验证，则几乎所有的错误都能被识别出来。

有几种仔细执行程序的方法会帮助机床在没有监管的情况下运行之前来识别问题。它们是：

1. 图形仿真
2. 空运行
3. 安全偏位

在量产之前，这些方法中的任何一种或组合可用来验证程序和设置，以确保安全。图形仿真允许通过在显示屏上观察模拟计算机模型来切削零件所采取的刀具轨迹的验证。在程序加载到机床上之前，这能在带有仿真软件的计算机上完成，或在带有图形仿真功能的 MCU 显示屏上。图 9-23 所示为在显示屏上的图形零件仿真。

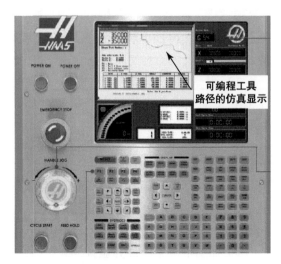

图 9-23 在显示屏上的图形零件仿真

图形仿真是解决明显的编程问题的快速方法，但不分析实际的机床设置或小的定位错误。空运行是更有效的验证，并用预先设定好的刀具和工件在机床上完成。一般来讲，"空运行"是指运行有缺陷功能的机床来消除碰撞的可能性。这能通过移除刀具、移除工件、禁用某一轴运动或禁用主轴功能来达到。空运行通常也是不用冷却剂的，以提高能见度和保持切削区域干净。

安全偏位方法非常像空运行过程，因为机床将有形地执行程序而不是实际地切削工件。区别是所有的机床功能都是启用的（或许除了冷却剂），并且刀具和工件是安装好的。安全是通过故意地设置工件原点在 X 轴或 Z 轴距离工件一个安全距离来保证的。用这种方法，程序被证明是合适的和在成功完成的基础上，偏位可以逐渐地移动更靠近工件。这种方法可以重复，直到程序和设置被认为是安全的。

不管使用哪种方法进行验证，小心是关键。还有两道防护线来防止碰撞，使机床运动更易管理，并且可以防止意外运动。这些控制是倍率控制和单程序段模式。倍率提供了降低或甚至停止程序控制的进给速度和加速的能力。大多数的机床控制面板都为此配置了可变的倍率旋钮。

单程序段模式允许一次只执行程序的一个程序段。在这个模式下，机床不会前进到下一个程序段直到循环启动按钮被再次按下。这就允许程序的行可在 MCU 显示屏上看到并且在执行之前验证。单程序段模式通常由机床控制面板上的开关或按钮激活。

9.7.2　自动模式

在程序被仔细地证明并且看起来没有可能的碰撞之后，车床会按照完全的进给量、速度和快速能力运行。一旦生产性能令人满意，机床就要准备在自动模式下运行了。

如果要加工的工件是由材料棒加工而成的，并且机床配置了棒料拉杆或进给器，通常在控制里有一个规定，要设置零件计数器和要加工的零件的最大数量。零件计数器是一个简单的计数器，机床每次读取到 M30（程序结束）代码，它就会增加已记录的生产的零件数量。一旦最大的零件数量被满足，机床将停止，指示操作者要注意装载新的材料棒。